María Eugenia Culla

Recursos digitais no ensino da matemática

María Eugenia Culla

Recursos digitais no ensino da matemática

Implementação de um espaço virtual de ensino-aprendizagem da matemática no quarto ano do ensino secundário

ScienciaScripts

Imprint

Any brand names and product names mentioned in this book are subject to trademark, brand or patent protection and are trademarks or registered trademarks of their respective holders. The use of brand names, product names, common names, trade names, product descriptions etc. even without a particular marking in this work is in no way to be construed to mean that such names may be regarded as unrestricted in respect of trademark and brand protection legislation and could thus be used by anyone.

Cover image: www.ingimage.com

This book is a translation from the original published under ISBN 978-613-9-40772-9.

Publisher:
Sciencia Scripts
is a trademark of
Dodo Books Indian Ocean Ltd. and OmniScriptum S.R.L publishing group

120 High Road, East Finchley, London, N2 9ED, United Kingdom
Str. Armeneasca 28/1, office 1, Chisinau MD-2012, Republic of Moldova, Europe
Printed at: see last page
ISBN: 978-620-8-05341-3

AGRADECIMENTOS

Obrigado aos tutores de cada área/campo pela sua paciência, dedicação e motivação, pois tornaram o percurso de estudo destes anos muito mais fácil com a sua orientação e ajuda.

Um agradecimento especial ao Sr. Rubén Pizarro pelo seu apoio nesta última etapa, aceitando ser o meu diretor neste trabalho.

Um agradecimento especial à diretora da Escola Secundária "Edgar O. J. Morisoli", Professora María de los Ángeles Pereyra, por me ter permitido realizar os estágios que foram necessários na instituição, bem como aos alunos e professores que colaboraram sempre que precisei, o meu muito obrigado.

E, acima de tudo, obrigada à minha família pelo seu apoio e compreensão, especialmente às minhas filhas e ao meu marido pelo seu apoio incondicional durante estes anos de estudo.

RESUMO

O objetivo deste trabalho foi projetar e posteriormente implementar um Espaço Virtual de Ensino e Aprendizagem (EVEA) que possibilite aos alunos a aprendizagem de conhecimentos matemáticos através do uso adequado de diferentes recursos tecnológicos. Esta proposta é dirigida aos alunos do 4º ano do turno da manhã, que, num inquérito realizado sobre a utilização das TIC na sala de aula, os professores deste curso afirmaram que realizamos propostas de aula com recursos tecnológicos. Os alunos, por sua vez, consideraram que essas propostas não eram atrativas, partindo do princípio de que eles utilizam os aparelhos na sala de aula, mas não para fins pedagógicos. Por esta razão, é desenvolvido um EVEA especificamente na área da matemática, onde o objetivo é ensinar com tecnologia, utilizando uma plataforma de fácil acesso como o Classroom. Os conhecimentos são organizados por temas, são disponibilizados recursos interactivos e espera-se que os alunos, através das TIC e das aulas virtuais, adquiram autonomia e empenho no seu trabalho e que dêem conta dos conceitos aprendidos através das diferentes actividades propostas. Desta forma, espera-se que os alunos desempenhem um papel ativo, sendo o professor um mediador do conhecimento e um moderador nas aulas online propostas. Facilitar a utilização dos recursos TIC de acordo com as Áreas Prioritárias de Aprendizagem propostas pelo Ministério da Educação em articulação com os interesses dos alunos, concebendo actividades que permitam a construção de conhecimentos significativos.

PALAVRAS-CHAVE:
Matemática- TIC-EVEA- Recursos

Índice

1. JUSTIFICAÇÃO/DIAGNÓSTICO ... 4

2. DECLARAÇÃO DO PROBLEMA ... 9

3. OBJECTIVOS ... 10

4. ENQUADRAMENTO TEÓRICO ... 11

5. PROPOSTA ... 43

6. REFERÊNCIAS ... 64

7. ANEXO I ... 70

8. ANEXO II ... 74

1. JUSTIFICAÇÃO/DIAGNÓSTICO

É importante que, enquanto professores, assumamos que as novas tecnologias influenciam os actores do processo educativo e têm efeitos sobre os indivíduos, tanto no meio social como no meio laboral. Assim, devemos preparar os nossos alunos para a utilização de novos recursos e, para que isso aconteça, temos a responsabilidade de incorporar as Tecnologias de Informação e Comunicação (TIC) no processo de ensino-aprendizagem como uma ferramenta didática e pedagógica.

Observa-se que existe atualmente uma utilização muito frequente do telemóvel por parte dos alunos em todos os domínios da sua vida quotidiana, mesmo na sala de aula, mas não é utilizado como um recurso útil para a organização e a aprendizagem nas diferentes disciplinas oferecidas pelo currículo ministerial. São muito poucos os alunos que utilizam corretamente as novas tecnologias e é necessário trabalhar sobre o uso ou abuso destas tecnologias, pois podem causar problemas a curto ou longo prazo, não só em termos de desempenho escolar, mas também em termos de problemas disciplinares, alterações no desenvolvimento neurológico, etc.

Considerando que os alunos dominam diferentes redes sociais e criam conteúdos utilizando diferentes recursos e informações, é necessário incorporar as TIC através destes dispositivos não só como instrumentos tecnológicos, mas também como uma ferramenta didática através de ambientes virtuais de ensino-aprendizagem (AVEA). Promover a utilização de software específico para a disciplina e de diferentes recursos da Web que podem ser propostos pelo professor e também pelos alunos, de acordo com os seus interesses e interpretações.

A utilização destes ambientes não só permite gerir e armazenar informação, como também dispõe de ferramentas próprias que possibilitam um processo de aprendizagem pessoal e colaborativo, disponibilizando espaços de autorização, comunicação e debate, conferindo independência entre os actores da comunidade educativa. Favorecem ainda a motivação e o interesse dos mais novos graças a animações, vídeos e exercícios apelativos e divertidos, promovendo assim um modelo de ensino baseado na interação e no desenvolvimento da criatividade.

Este trabalho foi planeado para os alunos do 4º ano do ciclo de orientação, que frequentam a Escola Secundária "Edgar O. J. Morisoli" na cidade de Santa Rosa, Província de La Pampa. [1]A instituição possui acesso à internet em bom funcionamento, foi incluída no Plano Conectar Igualdad com seu correspondente referente designado e em 2017 foi incorporada ao Plano Nacional Integral de Educação Digital (PLANIED) .

Esses programas propostos pelas políticas educacionais a nível nacional permitem que os alunos tenham um melhor acesso às tecnologias digitais durante o horário escolar, mas como afirmam Burin et al. (2016), ter acesso ao digital não significa que eles tenham uma melhor aprendizagem, nem que as ferramentas tecnológicas por si só inovem em sala de aula; para que isso aconteça, são necessárias/requeridas mudanças na mentalidade e nas práticas socioculturais dos principais atores (professores/alunos). É necessário o domínio de aspectos cognitivos, como a capacidade de pesquisa e navegação, e é necessário organizar os sites e páginas de forma a que os alunos possam compreender os conteúdos propostos, estipulando tempos e actividades, bem como a procura de recursos interactivos que permitam apresentar os conhecimentos adquiridos pelos alunos.

Devido à importância de planear pedagogicamente o espaço curricular de Matemática, é adequado utilizar o Classroom como plataforma virtual, que para além de ser um serviço gratuito, é uma rede social educativa que permite uma abordagem dinâmica, facilidade de navegação, agilidade na qualificação dos alunos participantes num ambiente seguro e controlado. Proporciona comunicação e organização dos conteúdos propostos em cada aula. A plataforma é fácil de configurar, poupa tempo e papel, em 2020 (devido à situação de Pandemia) melhorou o seu sistema de comunicação e comentários, não tem anúncios e funciona muito bem com o Google Forms, Calendar, Gmail e Drive.

Como já foi referido, considerando que estes dispositivos podem ser utilizados como ferramentas didácticas dentro do ambiente educativo, e através de acções propostas, os alunos devem aceder à informação de forma

---

[1] https://siteal.iiep.unesco.org/bdnp/43/resolucion-1536-e2017-plan-nacional-educacion-digitalplanied

individual ou colectiva, dentro ou fora do ambiente escolar, sabendo identificar a veracidade das diferentes fontes, conseguindo um papel autónomo e responsável. Desta forma, fazendo um bom uso dos recursos informáticos, podem adquirir novos conhecimentos e aprofundar o que mais lhes interessa, sendo capazes de selecionar e avaliar a informação que consideram relevante.

É importante que a utilização das TIC permita um processo mais dinâmico, promovendo a flexibilidade no tempo e no espaço, bem como contribuindo para uma aprendizagem colaborativa e construtivista, a procura e publicação de diferentes recursos que permitam apresentar os conhecimentos adquiridos na área curricular. Facilita também não só a aprendizagem presencial, mas também a aprendizagem mista e em linha.

Embora as duas últimas modalidades mencionadas se encontrem habitualmente no ensino superior, na educação terciária ou na formação profissional, em algumas ocasiões, o Ministério da Educação de La Pampa propõe trajectórias flexíveis para estudantes com determinadas caraterísticas, o que incentiva os estudantes a trabalhar em diferentes comunidades virtuais ao longo das diferentes etapas e situações da sua vida, podendo aceder à informação, ao conhecimento, ao acesso e à formação profissional em qualquer momento e lugar. Isto significa que uma ampla oferta de diferentes modelos de práticas educativas deve ser pensada para as diferentes necessidades e exigências dos nossos jovens, cujas vidas passam por processos de mudança em vários sentidos (físico, cognitivo, emocional, etc.).

É fundamental ensinar com tecnologia, implementando diferentes softwares do espaço curricular, bem como recursos multimédia que permitam o desenvolvimento de propostas didácticas criativas onde o aluno seja ativo, crítico e responsável no seu processo de ensino-aprendizagem. Desta forma, pretende-se que os alunos tenham uma comunicação constante com os seus pares e com o professor, sendo capazes de promover debates e defender as suas posições na sala de aula sobre os conhecimentos propostos pela disciplina em cada aula.

Há professores com receio, resistência e frustração face à utilização das

Tecnologias de Informação e Comunicação ou simplesmente, nalguns casos, não querem sair da sua zona de conforto, sendo tradicionais no que diz respeito ao ensino. Isto significa que temos de incentivar a mudança nas práticas futuras dos professores, que já não devem ter o papel de transmitir conhecimentos, mas devem ser o guia e o mediador da informação, com a capacidade de se adaptarem às mudanças culturais relacionadas com as TIC (Area e Adell, 2009).

As novas tecnologias vão além de saber utilizá-las, é preciso conhecer realmente a sua aplicabilidade, pois a partir daí podemos ser mais criativos e inovadores, colocando em prática novos modelos educacionais, considerando as necessidades e preocupações de uma população estudantil e institucional, permitindo outras formas de participação. Pelas razões acima mencionadas, os diferentes interesses dos alunos devem ser contemplados e respeitados, estimulando-os na construção do conhecimento e do pensamento crítico, pelo que se incentiva a revisão e reflexão sobre a prática docente atual, de modo a que se possam gerar actividades educativas com as TIC para serem implementadas na sala de aula.

No nível intermédio, o professor preparado deve fornecer ferramentas que permitam ao aluno analisar, comparar recursos, saber comunicar, obter informação, seleccioná-la e organizá-la, promovendo o interesse dos alunos de modo a melhorar a qualidade da aprendizagem.

Para que esta transformação ocorra, o conhecimento deve ser planeado e criado com base na utilização das TIC, estimulando o conhecimento cognitivo dos alunos através da utilização de situações problemáticas e, porque não, partindo de situações erróneas (lembre-se que o erro é muitas vezes a base fundamental para a aprendizagem e compreensão). Por outras palavras, criar recursos e estratégias, saber como aprendem e o que compreendem para poder planear estilos e necessidades de aprendizagem, conhecer os recursos tecnológicos para os utilizar didaticamente, promover aprendizagens experienciais significativas. Avaliar de forma permanente, sendo capaz de detetar tensões desde o início, permitindo um feedback constante e a tomada de decisões informadas por parte de professores e alunos, dando assim origem a uma avaliação em processo para a aprendizagem.

Ao implementar as TIC, o professor deve avaliar não só o processo, mas também as constantes expressões dos alunos, a sua capacidade de expansão, de integração de conceitos e de incorporação de diferentes fontes de informação às já fornecidas nas diferentes situações propostas para a aprendizagem (Cobo, 2016).

A utilização das novas tecnologias provoca também uma importante mudança a nível institucional, modificando a ordem metodológica e o ensino das disciplinas, propondo sequências didácticas integradas pelas novas tecnologias que são transversais a todas as áreas curriculares. Assim, surgem diferentes métodos de ensino que devem ser constantemente adaptados de acordo com as necessidades sociais, culturais e do mundo do trabalho para as quais as novas gerações de estudantes devem ser formadas.

Para que a incorporação das TIC na educação se concretize, é necessário ultrapassar certas limitações, uma das mais importantes das quais é expressa pelos seguintes autores:

> Dentro das limitações identificadas, tem sido dado especial interesse ao desenvolvimento de acções de formação e capacitação em instituições e organizações educativas. Entre as respostas a estas necessidades, destaca-se a incorporação do e-learning e do b-learning nos processos de formação em organizações que se baseiam principalmente na educação aberta e à distância (Montoya ALA, Parra CMR, Lescay AM, 2019, pp 246).

Por último, devemos ter em conta que todos os alunos adquiriram "competências digitais" de uma forma ou de outra, mas no âmbito educativo devemos ensinar-lhes competências cognitivas como: saber procurar informação, conhecer diferentes plataformas, navegar de forma dinâmica, produzir conhecimento e não ter uma visão única das coisas (Adell, 2018).

2. DECLARAÇÃO DO PROBLEMA

Foi realizado um estudo de campo na disciplina de "Prática I" do Mestrado em Ensino em Cenários Digitais com o objetivo de conhecer o modo como os professores de determinadas áreas curriculares implementam e ensinam a utilização das TIC nas suas práticas. Foram inquiridos alunos e professores do 3º e 4º anos das disciplinas de Matemática, Tecnologias de Informação e Comunicação e Processos Tecnológicos. O turno da escola secundária em que foi realizado o inquérito tem 273 alunos e incidiu sobre a utilização de dispositivos e recursos tecnológicos. Os dados coletados mostram que os alunos utilizam as TIC na sala de aula (seja com seus próprios dispositivos ou com os fornecidos pela instituição) na maioria dos casos para utilizar redes sociais como Facebook, Instagram, Twitter, Snapchat, etc. Muitos dos alunos jogam jogos online, mas não nos seus telemóveis porque dizem que o armazenamento é por vezes insuficiente.

Nestas situações, observam-se distracções no trabalho da aula e um fraco desempenho académico dos alunos. O desafio é trabalhar para que, como professores, possamos desenvolver propostas didácticas interessantes utilizando as TIC e para que os alunos aprendam a utilizar estes recursos para adquirir conhecimentos. Um dos resultados dos dados recolhidos foi que uma grande percentagem de alunos utiliza mais os telemóveis do que os computadores, que todos os alunos têm dispositivos móveis e que as propostas feitas pelos professores para a utilização das TIC lhes são indiferentes.

Consideramos que um dos problemas reside no facto de as TIC não serem implementadas de forma a tirar partido de todo o seu potencial no processo de ensino-aprendizagem, sendo apenas utilizadas como repositório bibliográfico em alguns casos. Por esta razão, são por vezes vistas como um fator de distração, uma vez que não são consideradas pelos estudantes como uma ferramenta para a sua formação contínua. Por isso, como professores, devemos repensar as propostas didácticas oferecidas para incorporar a tecnologia na sala de aula e fazer um bom uso dos recursos tecnológicos para fins pedagógicos.

3. OBJECTIVOS

3.1 Objetivo geral

Conceção e implementação de um ambiente virtual de ensino e aprendizagem da matemática no nível intermédio.

3.1.2 Objectivos específicos.

- Selecionar materiais audiovisuais, interactivos e simuladores.

- Conceber actividades de trabalho que tenham em conta os conhecimentos propostos nos PAN (domínios prioritários de aprendizagem), adaptados ao ambiente virtual de ensino e aprendizagem.

- Desenvolver propostas de acompanhamento para a sala de aula virtual para garantir que os alunos compreendem os conhecimentos propostos.

- Promover esquemas conceptuais que permitam a compreensão do conhecimento por parte de quem entra na sala de aula virtual.

4. ENQUADRAMENTO TEÓRICO

4.1 Conectivismo e aprendizagem colaborativa

Hoje em dia, onde a globalização está presente, estão a ser estudadas diferentes teorias de aprendizagem, que se baseiam em algumas pré-existentes, dando origem a uma nova teoria da era digital chamada Conectivismo. É de extrema importância, uma vez que, de acordo com Siemens (citado por Gutiérrez, L, 2012), as instituições educativas tornam-se parte do mercado económico, fornecendo serviços de conhecimento e informação como um produto competitivo.

Pode dizer-se que a aprendizagem deve estar ligada e que essa ligação é muito mais rica se o trabalho for partilhado com outros e facilitado pelas tecnologias. Embora alguns autores duvidem que o conectivismo seja uma teoria de aprendizagem, pode ser incorporado nas teorias existentes.

A abordagem conectivista tem algumas questões a ter em conta. As ligações são essenciais no processo de aprendizagem, uma vez que parte do princípio de que a inquirição e a investigação em rede fornecem conhecimentos, mas não garantem a aprendizagem. A aprendizagem é vista como uma experiência imediata em que a vantagem é a gestão colaborativa na edição, organização e recuperação da informação.

Outra das questões é a desinstitucionalização da educação e esquecendo a conceção de ensino, a ideia é defender que a aprendizagem pode ocorrer em qualquer momento e lugar, mas sempre mediada, onde o professor irá repensar o conhecimento dos programas curriculares, permitindo a auto-correção da aprendizagem dos alunos, intervindo e mediando a aprendizagem crítica nas redes e proporcionando ambientes personalizados que favoreçam a aprendizagem significativa dos alunos. Neste sentido, o protagonista principal é a aprendizagem colaborativa onde a interação e a interatividade contribuem para uma aprendizagem ativa, proporcionando um apoio significativo entre pares e um papel importante do professor como mediador.

Siemmens é um grande defensor do conectivismo e defende que as TIC alteram a forma como vivemos, uma vez que as ferramentas interactivas nos permitem gerir a informação, gerando um pensamento ativo, crítico e rápido. O conectivismo responde à exigência da educação do século XXI que é invadida pelas novas tecnologias, a era digital tem grandes vantagens como, por exemplo, a incursão em diferentes áreas do conhecimento, a possibilidade de adquirir conhecimentos de diferentes formas e de forma contínua.

No que diz respeito à aprendizagem, esta tem a vantagem de ser colaborativa (como já foi referido) devido ao facto de as TIC fornecerem ferramentas que facilitam o trabalho em grupo, permitindo abordar diferentes áreas de forma transversal, uma vez que o mesmo assunto pode ser tratado com um vasto leque de informação, promovendo a literacia digital. A desvantagem é que, se a sociedade não estiver habituada a trabalhar em colaboração, não podemos afirmar que a aprendizagem é efectiva, bem como o custo da tecnologia e os constantes avanços em software e hardware. No que diz respeito aos estudantes, permite-lhes aceder à informação em qualquer altura e lugar, trabalhar em equipa, promover o interesse e desenvolver competências na procura de informação. Um inconveniente é a quantidade de material informativo que obtêm, o que faz com que acabem muitas vezes numa situação de "cortar e colar"; a equipa de trabalho não é propícia ao trabalho colaborativo e à distração não académica na Web.

O professor que adquire um conhecimento alargado da tecnologia deve promover a aprendizagem colaborativa e saber tirar partido de recursos como vídeos, simuladores e diferentes sítios Web. O investimento e a formação contínua são sempre necessários.

Como mencionado anteriormente, devido à globalização e às necessidades, a educação está a tornar-se parte do mercado e, de acordo com Morrian (citado por Gutierrez, 2012), os alunos estão a deixar de ser aprendizes para serem considerados consumidores. É um facto que todos os programas educativos incorporam as TIC como uma ferramenta fundamental para a aprendizagem, uma vez que a tecnologia faz parte da economia atual. A aprendizagem em rede é a grande diferença entre o Conectivismo e as outras teorias de aprendizagem (behaviorismo, construtivismo e cognitivismo), pois permite também a auto-organização, pelo que a aprendizagem é autoorganizada, promove uma aprendizagem aberta à informação e capaz de classificar a sua própria interação com o ambiente.

No Conectivismo a rede é a aprendizagem, na abundância de conhecimento que caracteriza a sociedade atual, permitindo diferentes pontos de vista e opiniões que dão origem a experiências que permitem tomar melhores decisões. Apresenta-se como uma proposta pedagógica que proporciona a capacidade de nos ligarmos uns aos outros através de redes sociais e/ou ferramentas colaborativas, alargando as práticas para além da sala de aula, proporcionando experiências da vida real, pelo que é essencial ter em conta as necessidades de quem aprende, o aluno explora os objectivos e estes devem ser definidos por ele próprio, bem como os recursos a utilizar e assim motivado para aprender. As ferramentas essenciais são síncronas e assíncronas, e pertencem à web 2.0 onde os utilizadores são mais activos na receção de informação e na criação colaborativa de conteúdos.

4.2 Aprendizagem aberta e PLE

Outra teoria baseada na utilização das tecnologias é a teoria da Aprendizagem Aberta. Tudo o que foi mencionado até agora leva-nos a um novo paradigma: o tecno-económico, uma vez que as economias mundiais são constituídas por investigação, patentes, acordos com empresas e universidades, dependendo sempre do contexto em que os actores se encontram de acordo com as condições: sociais, políticas e económicas.

De acordo com Salinas, J. (2013), a aprendizagem aberta ou também designada por educação aberta, é a educação para todos onde o acesso a: programas de educação aberta que concedem diplomas nacionais, cursos de acesso aberto da educação formal e não formal, recursos educativos abertos, livros em linha, bem como documentos de investigação e dados abertos.

A educação aberta é um objetivo das políticas educativas que se caracteriza pelo facto de estar disponível para todos, ultrapassando barreiras à diversidade de aprendentes que possam existir, o que propõe uma aprendizagem aberta e flexível. A condição aberta está relacionada com a utilização da tecnologia, uma vez que não nega o acesso a ninguém, utilizando assim as TIC que estão disponíveis.

Atualmente, a sociedade gere as redes sociais e está imersa no conectivismo, onde a aprendizagem não tem lugar apenas nas instituições, pelo que falamos de uma educação flexível e aberta em que cada sujeito desenvolve o seu APA (Ambiente Pessoal de Aprendizagem), que se enquadra no que se entende por aprendizagem aberta, em que o utilizador acede e controla a forma como aprende, desta forma o processo didático está centrado no aluno. Os AAP são as plataformas educativas individuais de cada aluno para dirigir a sua própria aprendizagem e alcançar os objectivos educativos, onde o sistema se adapta ao aluno integrando a aprendizagem não formal e formal. Pode ser apresentado de duas formas: tecnológica e pedagógica, baseia-se no facto de utilizar as TIC no processo de aprendizagem. Como já foi referido, o PLE faz parte da aprendizagem aberta, e esta última tem duas dimensões; uma está relacionada com a administrativa, ou seja, organizacional, em termos de como, onde e com que recursos tecnológicos, enquanto a outra dimensão está relacionada com a didática, ou seja, objectivos, sequências, estratégias de ensino, etc.

A aprendizagem aberta centra-se no aprendente que toma decisões sobre a realização ou não das actividades propostas, seleciona os conteúdos, e também como, onde e quando aprender, a quem recorrer, etc. Os métodos de ensino-aprendizagem utilizam as TIC adequadas num ambiente em rede, permitindo ao aprendente tanto criar como consumir informação e conhecimento, acedendo a uma nova forma de aprendizagem. Os ALEV devem gerar propostas tentadoras que permitam ampliar e motivar a necessidade de gerar novos conhecimentos, o que implica um novo olhar sobre os modelos pedagógicos existentes.

Hoje em dia, podemos falar de comunidades interactivas entre alunos e professores, e isto porque a comunicação é por vezes mediada por um computador, mas o potencial de aprendizagem autónoma reside na conceção didática com que a matéria deve ser trabalhada e não nas TIC.

As TIC abrem diferentes fontes de mudança quando se consideram as tecnologias educativas, tais como mudanças na conceção do funcionamento da sala de aula, nos processos didácticos, nos recursos básicos, nos materiais, no acesso às redes, na manipulação da informação e na visão do custo-benefício em relação à didática. Alguns dos objectivos que se obtêm com a incorporação das tecnologias na educação é que elas permitem construir soluções para as necessidades individuais/sociais do aluno e melhorar a qualidade e a eficácia da interação.

4.3 Sociedade da Informação e Sociedade do Conhecimento

A presença da tecnologia na economia e no aparelho produtivo tem um impacto nas relações sociais e significa que todos os membros da sociedade podem obter e partilhar informação em qualquer altura e em qualquer lugar, dando origem à sociedade da informação. Baseia-se em novos modelos educativos que assentam na infraestrutura tecnológica de processamento e transmissão de informação, facilitando as actividades de milhões de pessoas em todo o mundo com a criação e interação de conteúdos electrónicos, promovendo processos de aprendizagem ao longo da vida que permitem modificar diferentes hábitos de trabalho, favorecendo assim diferentes formas de enfrentar com êxito os desafios do presente e do futuro. A Sociedade da Informação sustenta e apoia a Sociedade do Conhecimento, ou seja, é uma fase anterior em que o conhecimento é a força motriz da inovação no sistema económico.

Em contrapartida, o conceito de sociedade do conhecimento surge porque o conhecimento é fundamental como fonte de produção de riqueza, uma vez que se baseia na produção de serviços, um elo essencial nos processos sociais das diferentes esferas, sendo um recurso económico. Com o advento das TIC, as novas actividades do mercado global consistiam em gerar, armazenar, distribuir e processar informação.

O conhecimento é necessário para o mundo produtivo e para a economia global, pois as novas estratégias produtivas baseiam-se na utilização da informação para fins empresariais, razão pela qual procuramos estudar modelos educativos que formem pessoas qualificadas para as empresas; entendendo a sociedade do conhecimento como uma economia do conhecimento.

No avanço da globalização em que estamos imersos e em que somos participantes, as TIC permitem-nos combinar todos os tipos de comunicação de massas, e porque os alunos não estão isentos do que acontece na sociedade, temos de pensar num novo perfil de aluno que não pode ser ensinado da forma tradicional, considerando-os como meros receptores. Um dos pilares da Sociedade do Conhecimento é o acesso à informação e à liberdade de expressão onde o conhecimento é comunicado e partilhado, dando grande importância à educação e ao acesso à tecnologia com o objetivo de formar cidadãos competentes no mundo globalizado, com uma preparação intelectual para atuar eficazmente numa sociedade digital, onde o conhecimento é transformado numa ferramenta principal para seu próprio benefício.

Tanto a ciência como a tecnologia contribuem para a Sociedade do Conhecimento, uma vez que o seu principal objetivo é a construção do conhecimento através do progresso científico-tecnológico nas instituições de ensino. Desta forma, observamos que alguns factores são a inovação e a tecnologia (que se desenvolvem cada vez mais rapidamente). Assim, a inovação, a tecnologia e a criatividade são indissociáveis na Sociedade da Informação e na Sociedade do Conhecimento. Portanto, as novas exigências na educação para que as mudanças sejam realmente inovadoras é contemplar um trabalho interdisciplinar que integre não só o conhecimento tecnológico, mas também o pedagógico, promovendo processos de formação não só na obtenção de resultados do desempenho educacional, mas na construção de conhecimentos de diferentes áreas do saber através da incorporação da tecnologia.

No que diz respeito às sociedades do conhecimento e da informação, ambas existem graças às TIC, uma vez que facilitam a comunicação e o intercâmbio de informações em massa, dando assim origem à geração e transmissão de conhecimentos. Dentro das novas tecnologias encontram-se as plataformas virtuais, que contribuem para a inovação na educação, dando lugar à implementação de bibliotecas digitais e dispositivos educativos que estão à disposição de todos de forma gratuita, permitindo à sociedade do conhecimento preparar-se para a literacia digital, acedendo a novos modelos educativos para se adaptar e responder às novas tecnologias que vão surgindo.

Desta forma, garantimos que o aluno deve adquirir competências digitais, ou seja, deve ser alfabetizado digitalmente para que se sinta incluído no mundo atual, reduzindo assim o fosso digital, e por isso devemos evoluir tanto na educação e formação, como nas práticas pedagógicas. Ou seja, as práticas devem ser adaptadas de acordo com o progresso, com a inclusão das tecnologias na educação e com o interesse dos alunos, de modo a que o conhecimento não seja apenas construído individualmente, mas que também se promova a sua construção colectiva e cooperativa, distribuindo-o em tempo real (Castell, 2009), sob pena de provocar desinteresse e frustração na sala de aula.

Para reduzir o referido fosso, é necessário ter em conta os factores socioeconómicos e não basta ter um computador por aluno-professor, mas também dispor das infra-estruturas e das tecnologias da informação necessárias para realizar os programas propostos pelas instituições e pelos lares.

A importância adquirida pela educação em linha em 2020, quando a pandemia foi declarada, marcará um antes e um depois nas práticas pedagógicas, destacando as lacunas sociais, culturais e económicas acima mencionadas. O desafio é, sem dúvida, manter a educação e promover uma aprendizagem significativa, com o desafio para os professores de gerar as suas próprias estratégias e aprender a trabalhar em ambientes virtuais, ensinando os nossos alunos a geri-los, gerando um cenário de comunicação com tecnologias que antes eram apenas utilizadas como apoio e se tornam a ferramenta principal, proporcionando um novo cenário de comunicação em termos de educação.

Sabemos que na educação existe uma atividade constante de adaptação a novos paradigmas sociais, culturais e tecnológicos. A situação pandémica apresenta uma nova razão para modernizar os processos utilizados no sistema educativo, onde alunos e professores tiveram um grande desafio de passar de um contexto presencial para um virtual, quando o encerramento físico das instituições de ensino expõe a necessidade de inovar nos processos de ensino-aprendizagem.

4.4 As TIC, a educação e o fosso digital

[2][2]No nível médio, não havia histórico de cursos virtuais antes do ano letivo de 2020, como é o caso do nível universitário e da educação a distância, que só foi implementada na modalidade EPJA (Educação Permanente de Jovens e Adultos) e consistia na apresentação de trabalhos presenciais com algumas aulas agendadas para consultas.

Numa primeira fase, as TIC foram implementadas no ensino secundário através do Programa Nacional "Conectar Igualdade" em aulas presenciais, proporcionando flexibilidade e confiança entre alunos e tutores, onde é importante analisar a tríade: professor, alunos e conteúdos a abordar, pois no mundo virtual os professores ficam muitas vezes sobrecarregados com o número de alunos que têm a seu cargo e com o tempo de correção e acompanhamento do processo de ensino. No que diz respeito às actividades ricas em discussão através de fóruns, wikis, documentos partilhados, podemos defender que o professor, sendo o mediador, tem as mesmas funções que na sala de aula física. As aulas online através do Zoom ou Meet, permitem um paralelismo importante com as aulas presenciais onde o professor deve gerir a reunião e dar feedback aos alunos através de perguntas.

Se, em vez de proporem aulas síncronas, os professores derem as suas aulas através de tutoriais em vídeo e vídeos explicativos sobre um determinado assunto, estes, sendo assíncronos, são mais atractivos do que a leitura de textos. É claro que os pontos-chave da virtualidade são os professores, os alunos e os conteúdos propostos. É importante saber quais são as expectativas, a preparação e a participação dos alunos, enquanto os professores devem compreender o novo papel, a gestão e a forma de ensinar que temos na era digital, propondo conteúdos multimédia.

É claro que a tecnologia educativa se baseia noutras teorias que contribuem para o seu desenvolvimento, algumas delas são: a teoria pedagógica que

---

[2]

http://digesto.tcuentaslp.gob.ar/digesto%20tribunal/Otros%20Organismos/Mrio.
%20de%20Educacion/Resolucion%20112-2018%20-%20Anexo.pdf

contribui a partir da didática, da organização institucional e do desenvolvimento curricular; a teoria da comunicação uma vez que a educação é considerada como um processo de comunicação, contribuindo com conceitos e instrumentos para a tecnologia educativa; a teoria geral dos sistemas e da cibernética onde se desenha um processo de instruções que deve contemplar objectivos, métodos, recursos onde participam todos os membros da comunidade educativa. Mas como se relacionam as teorias da aprendizagem e as teorias da informática, existem softwares educativos e a possível implementação destes na sala de aula leva a uma reestruturação das estratégias de ensino e dos seus objectivos.

Para que isso não aconteça, os programas educativos devem prever actividades e jogos que permitam a compreensão e a construção do conhecimento.

A teoria do conhecimento situado defende que a Internet é um meio de aprendizagem, onde se argumenta que o aprendente obtém conhecimento de uma forma situada, aprendendo através da perceção. Neste contexto, a Internet responde às premissas da teoria acima referida com realismo e complexidade, permitindo verdadeiras trocas entre utilizadores de contextos culturais diferentes, mas que têm interesses semelhantes.

Para gerar uma educação virtual de qualidade, são necessários recursos tecnológicos adequados, bem como o acesso a diferentes programas educativos que permitam gerar uma aprendizagem efectiva, criando ambientes satisfatórios para professores e alunos. Em princípio, as redes sociais foram as principais utilizadas, tornando-se um recurso muito valorizado, com as quais são gerados ambientes virtuais que permitem uma comunicação fácil com os alunos, como o WhatsApp e o Facebook.

Recordemos que existe um fosso virtual ou digital que afecta a modalidade online, uma vez que nem todos têm acesso às tecnologias de informação e comunicação, aprofundando assim as desigualdades socioeducativas que foram expostas no ano letivo de 2020-2021 devido à situação que se viveu a nível mundial no que diz respeito à pandemia.

Uma consequência da redução da fratura digital é que podemos também reduzir a fratura cognitiva, uma vez que, ao permitir que todos tenham acesso a computadores e à utilização da Internet, podemos aceder ao conhecimento e ao conhecimento através da informação, utilizando a tecnologia. Para que tal aconteça, as escolas são o passaporte para que os nossos alunos aprendam a utilizar os computadores e a informação, desempenhando um papel ativo e participativo na construção do conhecimento, e para que nós, professores, melhoremos as nossas práticas pedagógicas e didácticas.

Partimos do princípio de que a inclusão das TIC na educação garante a educação para todos, porque através da rede a informação está disponível para todos, independentemente do local onde se encontrem, mas na realidade nem todos têm acesso à Internet, pelo que existe discriminação contra aqueles que não podem aceder a estas novas ferramentas devido aos seus recursos económicos ou ao local onde vivem. Desta forma, é criada uma Exclusão Digital, que é definida como a desigualdade de possibilidades de acesso à informação, ao conhecimento e à educação através das novas tecnologias. Esta marginalização tecnológica transforma-se em marginalização social e pessoal, que é como se manifesta o Fosso Social.

Hoje em dia, a conetividade à Internet é quase total em todo o mundo, sendo que o acesso às TIC em cada país está ligado às condições económicas do país, pelo que, à medida que os níveis técnicos e económicos avançam, os aspectos sociais ficam muitas vezes para trás. É preciso ter em conta que as TIC numa economia global são um elemento estratégico e competitivo, pelo que pode acontecer que o que hoje é de acesso livre amanhã tenha um custo, o que significa que provavelmente não estará disponível para todos. Embora a dada altura todos tenham acesso às novas tecnologias, entretanto as diferenças acentuar-se-ão e será mais difícil aproximarem-se. Por outro lado, há relatórios da União Internacional das Telecomunicações que afirmam que as TIC podem reduzir a pobreza (uma vez que permite o acesso à informação comercial e ao mercado global para os países e empresas em desenvolvimento), melhorar a saúde (facilitando a monitorização e a troca de informação sobre doentes e doenças, bem como o avanço de diferentes investigações globais sobre doenças), promover desenvolvimentos sustentáveis (recursos tecnológicos e software que permitem otimizar o progresso para promover os cuidados ambientais) e enriquecer a educação e a inclusão (uma vez que as TIC melhoram a formação de professores ao permitir a interação entre colegas, o acesso a uma grande variedade de materiais e recursos, etc.))

De acordo com Cabero Almenara (2014) quando se fala em Fosso Digital existem duas linhas, a soft onde o problema a resolver é apenas de infraestruturas, tecnologia, telecomunicações e informática e a hard que é mais complexa onde o Fosso é uma consequência da desigualdade social e económica da sociedade capitalista. Quando se trata de propor soluções, parece que, com o simples acesso à Internet, todos os problemas relacionados com a aprendizagem ficam resolvidos, mas, na outra perspetiva, como a fratura digital é uma consequência da desigualdade, ou a resolvemos ou, por muito que se resolva o acesso às redes e às plataformas, só uma parte exclusiva da sociedade tem acesso a ela.

É claro que a fratura digital não existe apenas entre países, mas também dentro deles. Não basta que todos tenham um computador, mas todos têm de ter literacia digital, o que significa que temos de ter competências para o trabalho, a comunidade e a vida social, onde temos de saber lidar com a informação e ter a capacidade de avaliar a relevância e a veracidade da informação na Internet.

A literacia deve criar pessoas competentes em três aspectos: saber lidar instrumentalmente com as TIC, ter atitudes positivas e realistas em relação à utilização das TIC e saber avaliar as suas mensagens e necessidades durante a utilização. Deve também fornecer a informação necessária para reconhecer valores e interpretar diferentes sistemas de organização social, comunicacional e cultural.

Os aprendentes do futuro precisam de adquirir competências como a capacidade de se adaptarem a ambientes em rápida mutação, de trabalharem em colaboração, de serem criativos na resolução de problemas, de aprenderem conhecimentos, de assimilarem novas ideias, de tomarem iniciativas e serem independentes, de identificarem problemas e desenvolverem soluções práticas e alternativas, de recolherem e organizarem factos, de fazerem comparações sistemáticas, etc. Tudo isto conduz a novas competências para interagir com a informação, para lidar intelectualmente com diferentes sistemas e para saber trabalhar com diferentes tecnologias.

Cabero Almenara (2014) argumenta que atualmente se dá muita importância à inclusão das TIC no processo de ensino-aprendizagem, tanto que há conceitos que estão a mudar, por exemplo, a sala de aula de informática passou a ser o computador na sala de aula e estar na rede passou a ser parte da rede. Por outro lado, há que ter em conta que ter igualdade de acesso ao conhecimento não é o mesmo que ter igualdade de conhecimento, o que significa que, ao navegar na Internet de um lado para o outro, temos de realizar acções cognitivas significativas para encontrar a informação necessária de acordo com a situação proposta ou colocada.

Uma capacidade importante que existe na fratura digital é o fosso linguístico, uma vez que a maior parte dos novos recursos ou sítios Web na rede estão em inglês, o fosso entre gerações é também importante e tem um grande impacto na educação, uma vez que os estudantes têm um domínio notável da comunicação das TIC na cibersociedade e os professores sentem-se inseguros face ao quadro tecnológico. É por isso que, tal como referido neste documento, os currículos dos programas de formação de professores devem ser alterados de modo a incluir as TIC no currículo.

4.4 Inclusão das TIC no processo de ensino-aprendizagem e no currículo

É necessário refletir sobre os novos Ambientes Virtuais de Ensino e Aprendizagem (AVEA), investigar os diferentes recursos em linha disponíveis e planear pedagogicamente em salas de aula virtuais. Relativamente a esta nova forma de implementar práticas de ensino, devemos ter em conta quatro dimensões: Informativa (os materiais que são apresentados aos alunos para que estes possam trabalhar de forma autónoma), Práxica (actividades e acções que o professor planeia para que o aluno realize na sala de aula virtual), Comunicativa (os recursos de interação e comunicação entre professores e alunos) e Tutorial e educativa (o professor segue, acompanha, motiva, etc. o aluno). Desta forma, estaremos a promover uma modalidade de e-learning onde a informação pode ser acedida individual ou coletivamente a partir de diferentes fontes e dispositivos, conferindo ao aluno um papel autónomo, responsável, com flexibilidade no tempo e no espaço, promovendo a aprendizagem colaborativa e sendo um expositor de conteúdos.

No que diz respeito ao e-learning, este pode ser definido como uma aula eletrónica que permite a aquisição de conhecimentos através da Web. No cenário da formação em e-learning existem diferentes cenários: presencial (ensino tradicional), blended learning (presencial combinado com tutoriais do professor), ensino à distância (quando o material didático é enviado eletronicamente para os alunos), blended learning (estudante-professor/estudante em linha, inclui actividades presenciais) e elearning (estudante em linha com organização tutorial).

Fernández Tilve et al. (2013) argumentam que um importante desafio do e-learning é criar conteúdos tanto em termos do material quanto do seu layout, levando em conta também algumas dimensões como: técnica, estética, didática, etc. Nesse sentido, é uma tarefa para o e-learning em que o acúmulo de informações é transformado em conhecimento.

Falar de e-learning é, pois, falar de uma economia baseada no conhecimento, assente na sociedade da informação e do conhecimento para todos, em que não importa apenas os recursos TIC que os actores do sistema educativo utilizam, mas também as competências que adquirem na sala de aula virtual que lhes é proposta, a qual deverá tornar-se um instrumento didático importante e poderoso que permita actividades e experiências de aprendizagem diversificadas, em que as TIC sejam integradas de forma eficiente e eficaz no currículo.

O modelo mencionado nos parágrafos anteriores permite a organização de aulas para alunos em diferentes localizações geográficas, permite que os alunos adquiram o material em qualquer altura e é interessante propor que o material seja interativo e autónomo, oferecendo actividades presenciais utilizando diferentes abordagens.

Ao preparar um curso de e-learning, é importante ter claro o objetivo, onde também é importante ter informação sobre os alunos e assim poder propor conteúdos que sejam do seu interesse, o resultado será certamente um curso eficaz. Obviamente, para além do interesse dos alunos, para que um curso seja eficaz, é necessário ter em conta os recursos e as limitações tecnológicas dos alunos. No que diz respeito aos métodos pedagógicos que podem ser implementados no e-learning, existem: aulas interactivas, simulações, discussões em linha, propostas de avaliação e inquéritos.

A inclusão das TIC promove, por exemplo, a possibilidade de duas ou mais pessoas ao mesmo tempo poderem realizar o mesmo trabalho prático com a tecnologia como mediadora do processo, permitindo aos alunos produzirem uma aprendizagem colaborativa, e também abre as portas à mudança em todas as áreas das pessoas, mas não têm um efeito direto na aprendizagem, para terem impacto é necessário propor actividades planeadas, devem ser utilizadas como recurso de apoio, adquirir e desenvolver competências para poderem manusear as TIC e não planear em paralelo ao processo de ensino.

Tanto a sociedade do conhecimento como as novas tecnologias afectam todos os níveis do sistema educativo, as escolas devem aproximar os alunos da cultura atual, onde as actividades educativas devem ser orientadas para o desenvolvimento psicomotor, cognitivo, emocional e social. Neste sentido, as TIC são o meio de exposição e o instrumento para processar a informação através de diferentes programas informáticos, uma variedade de ferramentas didácticas para a aprendizagem e a autoavaliação; são também fontes abertas de informação através de todos os sítios Web e plataformas; são um canal de comunicação presencial através de quadros negros, bem como um canal de comunicação virtual através de aplicações para fóruns, videoconferências, etc.

Neste sentido, seria aconselhável que as instituições dispusessem de um plano de formação para a integração das novas tecnologias na educação, com os seguintes objectivos: dar a todos o acesso às tecnologias da informação e da comunicação, incentivar a utilização da Internet e a motivação, reforçar o desenvolvimento de redes e a cooperação entre os diferentes actores, criar um ambiente de aprendizagem aberto, inovador e atraente.

Quando as TIC são incluídas numa escola, podem ocorrer três cenários: o cenário tecnocrático, em que a tecnologia é incluída para melhorar o processo de informação e depois como fonte de informação e fornecedora de material didático; o cenário reformista, que consiste não só na inclusão das TIC como fonte de informação, mas também na implementação de novos métodos de ensino-aprendizagem; e o terceiro e último cenário é o holístico, em que se procede a uma reestruturação profunda de todos os elementos (Alcántara Trapero, 2009).

Como tudo o que é implementado, as TIC têm vantagens, e no que diz respeito à aprendizagem, as novas tecnologias promovem a motivação, a interação e com elas o desenvolvimento de iniciativas, a aprendizagem através do erro como fonte de aprendizagem e uma maior comunicação entre professores e alunos. Incentivam a aprendizagem colaborativa e a possibilidade de trabalhar transversalmente, promovem a literacia digital para desenvolver a capacidade de pesquisa e seleção, bem como a visualização de simuladores.

No que diz respeito às desvantagens, na aprendizagem, é necessário ter em conta a distração e a dispersão dos alunos ao navegarem em sítios Web que não são propícios ao estudo, causando muitas vezes uma perda de tempo ao procurarem muita informação, que deve ser selecionada de acordo com a sua veracidade e não ser descontextualizada em relação à situação de aprendizagem proposta. Se os alunos não fizerem uma boa utilização das TIC, podem sofrer de dependência, isolamento, fadiga visual e má postura quando passam muito tempo em frente de um dispositivo. Para os professores, a desvantagem é o stress, uma vez que consome demasiado tempo na preparação e procura de recursos didácticos adequados.

No que diz respeito ao papel do professor, este já não será aquele que sabe tudo e transmite conhecimentos, mas sim um mediador que deve motivar, reforçar e orientar as práticas do hábito de estudo, planeando estrategicamente salas de aula virtuais para captar a atenção dos nossos alunos e promover aprendizagens significativas baseadas na construção do conhecimento. Os professores devem utilizar as suas competências em TIC para os incluir no desenvolvimento das suas práticas, procurar recursos e materiais que lhes permitam trabalhar formal e informalmente, presencial ou virtualmente. Conceber ambientes tecnológicos e materiais com base nos interesses dos alunos.

Para que isso aconteça, o professor deve analisar a variedade de mídias que podem ser ajustadas e maximizar a disciplina em que trabalha; por exemplo, no texto "Ensino e inovações na sala de aula para o novo século" (1997) Cecília Cerrotta afirma "[...] Ter acesso a um computador (no mínimo) e à diversidade de produtos existentes que podem ser utilizados em favor das disciplinas ministradas no ensino médio" (p. 11). (p. 11). É necessário convidar a pensar e refletir sobre propostas e atividades para trabalhar com os alunos sobre a tecnologia e seu impacto na vida social, cultural e política da sociedade.

Por outro lado, é importante incluir propostas mediadas pelas tecnologias digitais na conceção e desenvolvimento do currículo. O currículo, quando considerado como um projeto educativo, é uma proposta político-educativa que deve ser desenvolvida e interpretada de acordo com o contexto. Deve respeitar as diferentes culturas e costumes e atender às realidades a que aspiram e têm, ou seja, que tem como objetivo melhorar a qualidade de vida dos alunos.

[3]Todas as escolas têm um PEI (Projeto Educativo Institucional) que é desenvolvido em
Seminários institucionais com todos os professores de cada área onde se discutem conhecimentos e metodologias de ensino e avaliação. É aqui que devemos começar a incluir as TIC para que possam ser utilizadas para fins curriculares, apoiando as disciplinas e estimulando a aprendizagem.

Existem seis modelos para a inclusão das TIC no currículo: Aninhado, que é quando se estimula o trabalho de várias competências; Tecido, neste modelo propõe-se um tema e tece-se com outros conteúdos, pelo que as TIC servem de suporte para examinar a informação; Enfiado, como a palavra indica, trata-se de enfiar as competências sociais de pensamento, inteligência e estudo em várias disciplinas através da procura de ideias e conceitos sobrepostos utilizando as TIC; Imersa, quando se pode filtrar conteúdos com a utilização das novas tecnologias numa determinada disciplina; e em rede,

---

[3] O PEI é a declaração geral que concretiza a missão e a liga ao plano de desenvolvimento institucional onde dá sentido ao planeamento a curto, médio e longo prazo.

quando o aprendente filtra a sua aprendizagem e gera ligações internas que o levam a interagir com redes externas utilizando as TIC. Para poder incluir as tecnologias, é preciso primeiro superar o medo e descobrir o seu potencial, depois conhecê-las e utilizá-las em várias actividades e, finalmente, incluí-las no currículo com uma finalidade educativa; a incorporação deve, naturalmente, ser gradual, começando com actividades guiadas e programadas para conhecer os recursos tecnológicos até à sua utilização, a fim de criar ambientes de aprendizagem construtivistas (Orjuela Forero, 2010).

O primeiro passo para integrar as TIC no currículo é diagnosticar o que os alunos e os professores sabem sobre as TIC e quais são as suas necessidades, e depois formar todos os intervenientes no processo de ensino-aprendizagem com base no diagnóstico, planear como as TIC serão integradas, especificando estratégias metodológicas e pedagógicas, recursos e ferramentas, e finalmente desenvolver as estratégias planeadas, de modo a que o potencial das TIC no processo pedagógico comece a ser reconhecido e o medo de as implementar seja libertado. A utilização das TIC é hipermedial, pelo que a aprendizagem por diferentes meios surge para responder à diversidade da aprendizagem multimédia, onde as telecomunicações permitem a globalização das salas de aula. Neste sentido, as actividades interactivas que são propostas devem envolver a aplicação das TIC como um meio de construção que permita alargar a mente, utilizando as tecnologias para aprender com elas e não a partir delas, e uma utilização planeada para que o seu uso seja eficaz e significativo.

De acordo com Riveros e Mendoza (2005), os princípios que orientam a utilização pertinente da tecnologia estão relacionados com a aprendizagem construtiva e o conhecimento coletivo, a aprendizagem ativa, social e individual, a aprendizagem para compreender, a aprendizagem como um processo social, colaborativo, cooperativo e socialmente comparativo; a aprendizagem como interação social, a aprendizagem socialmente distribuída, situada, generalizada e auto-regulada.

Neste processo de aprendizagem através das TIC, os alunos devem adquirir algumas competências no que diz respeito à literacia digital e estas são classificadas em níveis. O nível básico é aquele em que o aluno deve ter um conhecimento geral (documentos escritos, folhas de cálculo, etc.), conhecer os elementos de hardware, entradas e saídas do computador. Um nível intermédio, em que o aluno deve ser capaz de criar documentos multimédia, utilizar as TIC como ajuda e resolver problemas. No último nível, as TIC são já uma ferramenta para os conteúdos curriculares em que o aprendente as utiliza como instrumento para construir conhecimento e assim obter aprendizagens significativas.

Bartolome et al. (2015) defendem que a utilização das TIC por quem transmite o conhecimento pode ser de duas formas, obrigatória ou voluntária para expandir as aulas como recurso ou ferramenta. Quando o uso é voluntário, o professor pode querer ser capaz de tornar o trabalho mais leve e mudar a estrutura da disciplina em termos de conteúdo; se for obrigatório, o uso pode ser contraproducente, pois o professor não está familiarizado com o uso das TIC. A maioria dos professores actuais não dispôs de recursos tecnológicos na sua biografia educativa, pelo que a primeira condição é o trabalho colaborativo entre os professores, socializando os resultados que obtêm com a aplicação das TIC.

No que diz respeito aos professores que implementam as TIC, estes são muitas vezes pressionados a serem inovadores e a desenvolverem propostas flexíveis que permitam articular diferentes áreas curriculares, o que leva tempo e, em muitos casos, os educadores têm de estudar estas áreas que não são da sua área; É necessária uma transmissão de valores para contrariar os problemas sociais e por fim, os professores são muitas vezes vítimas da sociedade da informação, pois são afectados negativamente pelas políticas que esta não proporciona em termos de recursos materiais e também têm de formar e trabalhar ao mesmo tempo, provocando fadiga laboral (Bartolome et al.,2015).

Como já foi referido, é importante incluir propostas mediadas pelas tecnologias digitais na conceção e desenvolvimento do currículo. O currículo, quando considerado como um projeto educativo, é uma proposta político-educativa que deve ser desenvolvida e interpretada de acordo com o contexto. Deve respeitar as diferentes culturas, costumes e atender às realidades a que aspiram e têm, ou seja, que tem como objetivo melhorar a qualidade de vida dos alunos.

A ideia de ter em conta os problemas sociais faz com que o compromisso de melhoria social dê origem a valores e não à concorrência.

Analisando Herrera e Didriksson (1999), algumas questões a considerar aquando da conceção e desenvolvimento de um currículo:

- Deve ser proposto um currículo integrado, baseado em projectos e nas necessidades dos alunos, em que o desafio do professor é tornar os alunos activos, participativos e encorajar opiniões críticas.

-Um currículo que permita a elaboração e produção de conhecimentos e processos cognitivos pelos alunos através de processos de aprendizagem adaptados às formas de trabalho dos nossos alunos (favorecendo a integração das TIC, por exemplo, uma vez que são nativos digitais e o mundo do trabalho exige tecnologia).

-Currículo que permita a flexibilidade, a iniciativa do aluno, a orientação para o futuro em função das necessidades sociais.

Entendemos que as TIC se instalam a grande velocidade e são necessárias hoje em dia, provocando uma grande mudança nos modelos pedagógicos, fazendo com que os professores mudem de métodos e recursos para melhorar os processos de ensino-aprendizagem. A tecnologia permite encurtar distâncias, manter a comunicação sem contacto físico, criando uma grande variedade de modelos organizacionais, tecnológicos e pedagógicos para gerar um ensino baseado na comunicação ubíqua, instantânea e sustentada no tempo, procurando a qualidade educativa com a ajuda da tecnologia.

4.5 Tecnologia Educativa

Podemos falar de uma disciplina pedagógica chamada Tecnologia Educativa, que surgiu nos anos 50 nos Estados Unidos devido à confluência de três factores: a difusão e o impacto social da rádio, do cinema, da televisão e da imprensa; o desenvolvimento de estudos e conhecimentos sobre a aprendizagem humana sob os parâmetros da psicologia comportamental e os métodos e processos de produção industrial. O objeto de estudo é a introdução de recursos de comunicação para tornar mais eficazes os processos de ensino e aprendizagem. Na década de 1970, estendeu-se a outros países, chegando à Argentina, e está relacionada com as necessidades derivadas dos processos tecnológicos industriais.

Atualmente, as tecnologias educativas estão a ser reformuladas graças à emergência de novos paradigmas e à revolução provocada pelas novas tecnologias da informação e da comunicação; algumas ideias sobre esta disciplina são as seguintes A Tecnologia Educativa é um espaço de conhecimento pedagógico sobre os media, a cultura e a educação em que se cruzam os contributos de diferentes disciplinas; estuda os processos de ensino e transmissão da cultura mediados tecnologicamente em diferentes contextos educativos e a natureza do conhecimento da Tecnologia Educativa não é neutra nem se coloca à margem dos interesses e valores existentes no contexto em que são implementados.

Esta tecnologia parte do princípio de que os meios e as tecnologias da informação e da comunicação são objectos ou instrumentos culturais que os indivíduos e os grupos sociais reinterpretam e utilizam de acordo com os seus próprios interesses. Os métodos de estudo e de investigação em Tecnologia Educativa são ecléticos, combinando abordagens quantitativas e qualitativas em função dos objectivos e da natureza da realidade estudada. Atualmente, o campo de estudo da Tecnologia Educativa são as relações e interações entre as Tecnologias de Informação e Comunicação e a Educação (Área Moreira, 2009).

Outra conceção de Tecnologia Educacional é que ela é especialmente dedicada ao uso de recursos audiovisuais no processo de ensino-aprendizagem. Por isso, a tecnologia é considerada um meio didático que se configura por: suporte físico ou material, a informação que possui, a forma como a informação é representada e a finalidade ou objetivo que tem na educação.

A educação pode alcançar os seus objectivos mais transcendentais através da utilização sistemática da tecnologia educativa, que emprega diversos meios e recursos para a aprendizagem escolar, quer sejam os tradicionais (livros, quadro negro, entre outros), quer sejam as ferramentas oferecidas pelas TIC. Importa referir que a Tecnologia Educativa não é a mesma coisa que as tecnologias de informação e comunicação, sendo estas últimas as ferramentas digitais que permitem armazenar, representar e transmitir informação, e a tecnologia educativa é a disciplina pedagógica encarregada de conceber, aplicar e avaliar sistematicamente os processos de ensino e aprendizagem, utilizando diversos meios para que a educação atinja os seus objectivos.

Area Moreira (2009), citada por Torres Cañizález e Cobo Beltrán (2017) salienta que a tecnologia educativa é um campo de estudo que lida com todos os recursos instrucionais e audiovisuais; por esta razão, o número de ferramentas tecnológicas multiplicou-se exponencialmente (actividades de aprendizagem digital, portefólios, blogues, entre outros), concebidas para dinamizar os ambientes escolares e promover a aquisição de novas competências. Pode então fazer-se uma distinção, pois as Tecnologias de Informação e Comunicação agrupam apenas os recursos relacionados com os media (cinema, televisão, rádio, internet) que servem e são responsáveis pela transmissão de conteúdos com valor educativo a um grupo de participantes ou a uma sociedade.

Implementar o uso da tecnologia na educação não implica aumentar o seu uso apenas por aumentar, mas sim ser capaz de detetar os benefícios que as alternativas tecnológicas podem proporcionar para garantir que os alunos aprendam melhor, onde o sucesso das TIC é alcançado quando os professores as incorporam no ambiente de ensino, promovendo a participação ativa dos alunos e com base nos princípios da globalização, interdisciplinaridade e transdisciplinaridade, utilizando acções que derivam da aprendizagem experimental, descoberta, projectos e aprendizagem baseada em problemas.

A utilização das tecnologias deve ser considerada como um objetivo da educação atual e, desta forma, o sistema educativo responde às necessidades da sociedade da informação, onde o leque de competências que os alunos devem adquirir ao longo da sua vida escolar deve incluir a utilização eficiente, responsável e ética das tecnologias, essencial para a sobrevivência, quer como cidadão, quer como trabalhador, na sociedade do conhecimento.

Todos estes novos desenvolvimentos constituem um desafio para os professores, uma vez que as tecnologias estão a provocar mudanças estruturais na organização e no desenvolvimento das disciplinas, incorporando novos modelos de aprendizagem.

A utilização da tecnologia não é apenas uma questão técnica, deve levantar questões de base e exigir novos modelos de aprendizagem, que têm de tornar claros os objectivos educativos e estes, por sua vez, têm em conta as novas oportunidades apresentadas pelas tecnologias. A utilização das TIC pode ser utilizada para apoiar a aprendizagem tradicional (como referido nos parágrafos anteriores) ou para promover a aprendizagem distribuída, que tem lugar tanto em aulas presenciais como virtuais, onde se utiliza todo o potencial da tecnologia. Onde os alunos não só interagem com elas, mas também através delas, e fazem-no com os professores e os colegas quando a interação é extremamente necessária para certas disciplinas.

A utilização destas novas tecnologias requer um planeamento estratégico, pois atualmente, apesar de algumas instituições possuírem um plano de infra-estruturas informáticas, este é necessário mas não suficiente para implementar novos modelos pedagógicos na educação. É necessário desenvolver planos que especifiquem a forma como os novos recursos tecnológicos serão implementados no processo educativo. Em primeiro lugar, é necessário ver se as TIC serão implementadas apenas para o seu desenvolvimento, ou se serão implementadas de acordo com as necessidades dos alunos e os objectivos dos professores. Em seguida, é necessário planear um modelo de ensino que tenha em conta todas as formas: presencial, virtual, por turnos, à distância ou bimodal.

As tecnologias são um meio e não um fim, e o planeamento para os professores não corresponde a uma área curricular específica; todas as disciplinas podem ser tidas em conta e, em muitos casos, será mais importante como ensinam do que o que ensinam. O plano estratégico para a implementação de novos modelos educativos baseados nas TIC será bem sucedido se os professores e os alunos estiverem convencidos e tiverem o apoio necessário para a utilização das TIC. Também deve ser especificado como é que a tecnologia será utilizada no processo de ensino-aprendizagem, uma vez que os modelos a implementar devem incluir

o apoio da instituição e toda a equipa docente devem trabalhar em conjunto para atingir os objectivos propostos. É muito importante ter em conta o acompanhamento do modelo proposto, a fim de detetar falhas e, assim, poder reestruturá-lo de forma contínua, de acordo com as necessidades.

A utilização da tecnologia está a ser imposta aos modelos de ensino, sendo necessária uma mudança estrutural e cultural para desenraizar as práticas habituais. Embora a aplicação das novas tecnologias esteja numa fase inicial, é necessário abordar desde o início uma visão clara da mudança e das atitudes em relação ao modelo de ensino atual.

Neste sentido, as formas de ensino estão a evoluir, graças à incorporação das TIC e de novos paradigmas, uma vez que os alunos dominam, na sua maioria, diversas redes sociais e de informação, onde se realizam, em grande medida, diferentes tipos de aprendizagem. No ano 2020 (ano da pandemia), são conhecidas as múltiplas vantagens das tecnologias, que são utilizadas para organizar conteúdos, avaliações e controlar actividades.

Da mesma forma, as propriedades das plataformas ou aplicações oferecidas aos alunos devem permitir-lhes aceder a uma educação de qualidade e, para isso, os professores devem estar equipados com ferramentas que lhes permitam complementar o conteúdo da conceção curricular com as tecnologias da informação e da comunicação, para que cada educador possa utilizar diferentes programas e configurar uma sala de aula virtual com impacto para os seus alunos.

Os professores devem ensinar através das TIC, centradas no aluno e com as adaptações curriculares pertinentes, plataformas virtuais adequadas, tendo em conta que as novas tecnologias devem ser acompanhadas de um bom planeamento pedagógico, estratégias e recursos inovadores, caso contrário são um desperdício.

Para inovar nos projectos educativos baseados nas TIC, é necessário eliminar as clivagens digitais mencionadas nos parágrafos anteriores, nas quais existem ou existem várias dimensões: económica (uma vez que nem todos têm acesso à tecnologia), política (a regulamentação das TIC deve ser tida em conta), tecnológica (recursos em termos de rede), social (a população que não pode aceder) e cultural (pensamentos e atitudes em relação à tecnologia).

[45]A utilização dos recursos tecnológicos do EVEA permite que os alunos interajam com o professor e com os seus colegas, dependendo da plataforma utilizada, seja através de comentários num fio de conversa, através de fóruns, de videoconferências activas como a aplicação Zoom ou a partir do Classroom with Meet . Estes ambientes de ensino-aprendizagem estão livres dos constrangimentos de tempo e espaço do ensino presencial e podem assegurar a continuidade da comunicação virtual entre professores e alunos, complementando o ensino presencial com actividades virtuais.

Surge, assim, a necessidade de um novo sistema educativo, de novas políticas educativas, de novos cenários e materiais, de novas formas de organização dos métodos educativos que permitam uma educação de acordo com as necessidades dos aprendentes, com base na sociedade atual e nos avanços tecnológicos, para o que são necessários educadores formados em didática das redes.

Estes recursos são importantes e enriquecedores se forem utilizados como meio de informação, pois permitem a informação e a divulgação, favorecendo a troca de opiniões, visualizações e respostas imediatas aos participantes, e como meio de relacionamento, pois podem ser trocadas informações entre utilizadores sobre diferentes interesses Area, M. e

---

[4] Serviço de videoconferência baseado na nuvem que pode utilizar para se reunir virtualmente com outras pessoas, seja por vídeo ou apenas por áudio ou ambos, permitindo-lhe realizar conversas em direto e gravar essas sessões para visualização posterior.
[5] Serviço de videotelefonia desenvolvido pela Google

Adell, J. (2009).

Através dos recursos digitais, pretende-se que os alunos aprendam a ler e a interpretar as propostas dos professores e dos alunos, respeitando e justificando devidamente e adequadamente cada posição, privilegiando o raciocínio sobre as diferentes situações que requerem conteúdos curriculares para serem resolvidas.

Para envolver os nossos alunos, é necessário utilizar recursos digitais atractivos que, ao mesmo tempo, proporcionem uma comunicação intemporal e flexível que nos permita ser uma opção positiva face ao absentismo que alguns membros do corpo discente podem apresentar por diferentes razões pessoais e/ou sociais.

Os instrumentos propostos devem agilizar as práticas, pelo que deve ser incentivada a utilização de dispositivos como ferramentas pedagógicas, permitindo uma organização das actividades, proporcionando ao aluno uma ordenação da matéria e uma atualização constante de ideias e recursos.

No âmbito desta grande conetividade que se desenvolve em rede e que gera conhecimento na sociedade atual, o chamado "Construtivismo Social" permite gerar conhecimento de uma forma dinâmica e mutável, em que a pessoa aprende através da interiorização do conhecimento socialmente construído (Gros et al., 2012).

Dado o livre acesso a uma grande variedade de dados, os alunos devem ser ensinados a selecionar fontes de informação, dando sentido ao que pretendem aprender, sendo o aluno quem constrói a sua aprendizagem, com o professor a oferecer apoio e suporte, ou seja, professores e alunos devem trabalhar em conjunto.

Neste sentido, são propostas "Teorias Pedagógicas" para configurar novos processos de ensino-aprendizagem mediados pelas Tecnologias de Informação e Comunicação, para incluir a tecnologia no currículo e para centrar a educação pura e exclusivamente no aluno e não no professor.

A integração das TIC deve ser feita de forma gradual a partir do currículo e da didática (Sanchez, 2002), ou seja, tornando-as parte do currículo com uma utilização harmoniosa e funcional para fins de aprendizagem específica de uma disciplina escolar. A combinação das TIC com o ensino desloca o aluno para um novo lugar de entretenimento (Merril, 1996) citado por Jaime Sánchez Ilabaca (2003), a sua utilização deve ser promovida para estimular a aprendizagem, integrando-as como uma ferramenta que está ligada ao currículo e com um objetivo curricular.

Na área da matemática, as TIC devem permitir a aquisição de conhecimentos, melhorando a capacidade dos alunos para resolver diferentes situações através de diferentes soluções ou caminhos, dando grande importância à resolução de problemas, utilizando ferramentas tecnológicas para interpretar, processar e resolver diferentes questões relacionadas com a área, o que implica que o facto de ter competências e conhecimentos de ferramentas tecnológicas num contexto significativo pode ser incluído no currículo como um critério de avaliação Arrieta (2013).

As TIC podem ser incluídas na matemática através de imagens, gráficos, utilização de software, folhas de cálculo, etc. Permitem aos alunos experimentar, conjeturar, corrigir e manipular informação, podendo assim materializar conceitos muitas vezes abstractos através de diferentes simuladores.

Se se propõe ensinar matemática utilizando as TIC, o processo de ensino-aprendizagem é favorecido em vários aspectos, tais como compreender e melhorar as suas aprendizagens, observar conceitos através de software que lhes permite interagir manipulando elementos com os quais podem compreender propriedades, organizar e analisar dados, interpretar diferentes unidades de medida através da visualização de figuras e corpos, etc.

É importante que os professores pesquisem e utilizem diferentes recursos encontrados na Web para implementar e trabalhar na sala de aula, seja ela presencial ou virtual. A gestão de uma aula com recurso às TIC torna a aprendizagem mais homogénea com a utilização de diferentes softwares específicos da disciplina, onde os recursos dinâmicos permitem uma consolidação de conceitos e propriedades favorecendo o raciocínio, a aquisição da perceção visual, a competência linguística e digital.

As TIC podem desempenhar um papel muito importante no processo de ensino e aprendizagem da matemática, mas apenas se forem utilizadas corretamente. Além disso, se forem utilizadas de forma inadequada, podem seguir um caminho tortuoso, passando de uma ferramenta poderosa a uma barreira que impede o processo.

4.7 TIC e Matemática

Os processos de ensino e de aprendizagem são diferentes, pelo que, por vezes, as mesmas TIC não podem ser utilizadas em ambos os processos. No processo de ensino, o grupo de ferramentas TIC será constituído por ferramentas específicas para a disciplina ou para a educação em geral. Assim, o quadro digital, no que diz respeito ao hardware, pode ser um bom aliado para o professor devido às suas possibilidades. No que diz respeito ao software ou às aplicações específicas, podemos citar, numa ótica de software livre, os seguintes: Xmaxima, GeoGebra, Kig, Kmplot, Geomviewe, etc.

Embora os alunos estejam muito familiarizados com os recursos tecnológicos e os professores tenham recebido formação, não devemos ter medo de os implementar na sala de aula, porque o objetivo é ensiná-los e fazer com que aprendam matemática, e não ensiná-los a utilizar as TIC. Isto significa que pretendemos aproveitar os conhecimentos prévios dos nossos alunos para atingir o(s) objetivo(s) estabelecido(s) na sala de aula. Este conhecimento prévio dos alunos deve ser utilizado e eles devem saber como utilizá-lo para atingir os objectivos que estabelecemos. A matemática pode ser aprendida de uma forma ociosa com alguns dos recursos que podem ser utilizados para contribuir para a aprendizagem da matemática com a utilização das TIC. Na Internet e em repositórios educativos específicos podemos encontrar várias ferramentas que podem ajudar os alunos no processo de aprendizagem e para as quais não são necessários conhecimentos informáticos (Revelo e Carrillo, 2018).

Um dos principais objectivos que temos como professores no desenvolvimento da matemática, é a mudança de atitude para dar passos para começar a resolver problemas, dando aos alunos a capacidade de realizar uma interpretação adequada de diferentes tipos de informação, onde eles próprios podem encontrar a solução para os problemas que surgem no seu dia a dia, esta é uma das competências exigidas pelo aluno. Ao mesmo tempo, com a quantidade de informação que se pode obter na web, a matemática, que é o nosso caso, tem sido muito beneficiada, pois existe uma grande quantidade de software que permite aos alunos melhorar a visualização dos conceitos e garantir a compreensão dos mesmos.

A influência mais importante que a utilização das TIC está a permitir no processo de ensino-aprendizagem é a interação dinâmica dos alunos no espaço curricular da matemática, pois permite construir uma aprendizagem centrada no ambiente digital onde os diferentes softwares permitem resolver problemas propostos, melhorando a capacidade de pesquisa e de gestão da informação.

Existe uma grande variedade de sítios Web, que permitem ao aluno aprender e divertir-se a desenvolver os exercícios. Nestas páginas pode encontrar temas como operações algébricas, números e operações, geometria, equações, estatística e probabilidade, resolução de problemas. Um dos softwares mais utilizados na área da matemática é o GEOGEBRA, que é gratuito e altamente recomendado para o ensino da matemática em instituições de ensino. As suas áreas de trabalho incluem geometria, aritmética, álgebra, cálculo, funções, estatística, trigonometria e probabilidade. Tem a particularidade de possuir uma base de dados muito vasta de actividades, simulações, exercícios e lições. É uma ferramenta muito útil onde os alunos podem alargar os seus conhecimentos, descobrindo novas formas de interagir e relacionar os seus conceitos matemáticos básicos. É importante salientar que as TIC servem de apoio aos alunos com dificuldades cognitivas para que, quando se juntam a um grupo, se possam apoiar e complementar uns aos outros; para encontrarem a forma mais adequada de realizar a atividade que o professor lhes pede para fazer.

As utilizações dos navegadores web permitem localizar, filtrar, organizar, avaliar e classificar informações e conteúdos, possibilitando o desenvolvimento da aprendizagem colaborativa na área da Matemática, promovendo a interação através da gestão, utilização e aplicação da comunicação digital (Revelo e Carrillo, 2018).

Os ambientes digitais permitem a criação e a gestão de conteúdos específicos para o referido espaço curricular, e o software livre específico também permite que sejam feitas modificações de acordo com as necessidades dos alunos no processo de ensino-aprendizagem da matemática. As TIC permitem a construção de ideias e conceitos matemáticos, facilitando a aprendizagem por descoberta (Revelo e Carrillo, 2018).

Por isso, é importante investigar as caraterísticas das diferentes ferramentas digitais disponíveis e, com base nelas, planear actividades TIC que permitam aos alunos desempenhar um papel construtivista, promovendo o trabalho individual, coletivo e/ou colaborativo, incentivando o debate a partir de diferentes pontos de vista, promovendo o feedback contínuo tanto na prática como no processo de avaliação. Ao mesmo tempo, devem ser dotados de ferramentas e competências cognitivas que lhes permitam atuar de forma crítica, criativa, reflexiva e responsável sobre a abundância de dados, para que possam aplicá-los a diferentes contextos e ambientes de aprendizagem e, assim, construir conhecimento, adaptando a utilização de recursos digitais para obter diferentes estratégias didácticas e metodológicas.

4.8 Avaliação

A forma de contabilizar a aquisição de competências e conhecimentos por parte do aluno é através da avaliação. Esta implica um juízo sobre a qualidade das aprendizagens obtidas pelo aluno como consequência da participação em diferentes actividades de ensino-aprendizagem. Isto significa que, a partir de uma determinada atividade proposta, a ideia é que o aluno incorpore novos conhecimentos através do trabalho conjunto com o professor.

Existem diferentes práticas de avaliação, a primeira é a inicial, ou seja, a avaliação diagnóstica, que é efectuada inicialmente para recolher conhecimentos prévios e, assim, estabelecer o ponto de partida. A avaliação formativa, que se realiza durante o processo de ensino-aprendizagem e permite melhorar o desempenho docente, é reguladora, pois permite ajustar o processo educativo em função das necessidades dos alunos. Neste tipo de avaliação o aluno deve estar consciente do processo de construção do conhecimento e do objeto de aprendizagem e a avaliação formativa final serve para indicar se o aluno acabou por atingir ou não os objectivos mínimos do espaço. As práticas avaliativas são compostas por diferentes níveis: o programa, a atividade e a tarefa avaliativa.

Neste contexto, há que considerar o que merece ser avaliado, como e para que serve, concebendo um programa de avaliação que permita ter em conta as diferentes formas de recolha de informação sobre o processo de aprendizagem dos alunos, a frequência e a ordem dessas actividades, o momento em que se inserem no processo de ensino e o uso que alunos e professores dão à informação recolhida nessas avaliações.

Existem diferentes fases dentro da avaliação que devemos ter em conta, por exemplo: as actividades que são preparadas para que os alunos possam participar, as actividades que são encontradas na avaliação, as correcções, a comunicação e a avaliação das diferentes respostas para gerar novas tarefas. O conceito de avaliação é muito amplo, podendo ser definido como uma recolha de informação por parte do professor que permite emitir um juízo de valor sobre as aprendizagens alcançadas pelos alunos como resultado da participação nas actividades de ensino propostas.

Iturrioz e González (2015) argumentam que em várias ocasiões se confunde o que se ensina com o que se aprende, o que se reflecte quando um professor diz que vai avaliar o que foi ensinado, sem reconhecer que o aluno transforma ou reconfigura o que lhe foi transmitido.

As novas tecnologias oferecem a possibilidade de uma avaliação baseada na transparência do debate, do intercâmbio e da discussão entre os participantes, provocando três mudanças importantes. São elas:

- avaliação automática, em que os alunos obtêm automaticamente respostas e correcções, por exemplo, testes.

- avaliação enciclopédica quando têm de realizar trabalhos de investigação e desenvolvimento em locais de fácil acesso às fontes de informação.
- avaliação colaborativa, em que o processo é avaliado, bem como o produto, promovendo a responsabilidade partilhada.

A contribuição das TIC no processo de ensino-aprendizagem reside nas diferentes potencialidades para desenvolver este processo. Para além da grande conetividade que proporcionam, existe um formalismo, uma vez que há diferentes passos a seguir, instruções precisas para aceder, processar e transmitir, o que favorece os processos cognitivos e metacognitivos relacionados com o planeamento e a execução de acções de acordo com um plano estabelecido com base em requisitos tecnológicos.

Há interatividade, permitindo a interação face a face de acordo com as necessidades, possibilitando ao aluno construir a sua própria posição face a opiniões diferentes, melhorando assim a autoestima quando é capaz de construir uma aprendizagem significativa. Há dinamismo porque permite a representação de fenómenos através de simuladores que levam a uma melhor compreensão. São gerados recursos multimédia porque é possível criar ambientes que combinam diferentes formatos de representação da informação. Outra caraterística que as novas tecnologias permitem é a incorporação de hipermédia porque o aluno pode explorar a informação de forma autónoma e de acordo com os seus interesses.

De acordo com Lafuente Martínez, M (2003), a conceção de avaliações através de ferramentas tecnológicas leva a pensar na conceção pedagógica e nas actividades de instrução de um ponto de vista pedagógico e tecnológico, que é de onde vem o Design Tecnopedagógico.

Em primeiro lugar, o estudo dos diferentes dispositivos e das suas propriedades utilizados nos momentos de avaliação prende-se com a utilização real que professores e alunos fazem dos conteúdos e tarefas que são abordados, uma vez que a interação pedagógica e tecnológica é uma relação complexa e a coerência entre ambas não está assegurada. Esta não se baseia apenas nos recursos tecnológicos disponíveis, mas também na planificação das actividades e na utilização pedagógica efectiva desses recursos por parte dos alunos.

Considerar os critérios a ter em conta sobre quais os dispositivos mais ou menos concretos, a conceção de actividades coerentes e integradas tendo em conta os objectivos da disciplina, que sejam retroactivas, permitindo novas descobertas de conteúdos e aprendizagens, que permitam o desenvolvimento de ambientes pessoais e autónomos. Actividades que permitam conhecer progressivamente o que o aluno construiu como conhecimento ao envolver-se nas actividades propostas e não apenas considerar a avaliação para classificação.

5. PROPOSTA

O diagnóstico realizado mostra que, por vezes, as propostas que nós professores fazemos com recursos tecnológicos na sala de aula não são muito atractivas para os alunos. Por este motivo, propõe-se a implementação de uma sala de aula virtual para o desenvolvimento do espaço curricular de Matemática, de fácil acesso e gratuita, que permita aos alunos aceder ao conhecimento de forma organizada, aceder ao material da aula em qualquer momento e lugar, consultar diferentes recursos interactivos e realizar consultas sobre todos os conhecimentos propostos.

No nosso caso, vamos optar por trabalhar com o Classroom, este recurso é uma rede social educativa que permite uma abordagem dinâmica e uma navegação fácil, entre o painel de actividades que possui, pode organizar aulas, tópicos e atribuir tarefas, papéis, organizar grupos de alunos e tem a vantagem de toda a informação e/ou material ser automaticamente guardado no Drive.

Permite o trabalho colaborativo com documentos partilhados e estabelece ligações entre professores e alunos, incentivando o debate e a construção do conhecimento.

5.1 Organização

Com base na proposta e nos objectivos acima enunciados, é desenvolvido e proposto um EVEA no qual os alunos podem aceder aos conhecimentos correspondentes à área e ao ano da disciplina, esquemas conceptuais (figura 1) sobre a matéria como um todo, bem como sobre cada unidade a desenvolver (números reais, função linear, sistemas de equações e trigonometria). O curso disponibiliza espaços onde os alunos podem consultar links para diferentes recursos, actividades que contêm os conhecimentos básicos propostos nos PNAI, propostas interactivas que permitem detetar erros para que possam reestruturar as aulas seguintes usando isso como fonte de conhecimento, actividades a entregar, etc. O código de acesso para se inscrever no curso de 2021 é: **mnjm6lz**, e para o ano em curso (2023): **5scqbjjj.**

A plataforma selecionada (Classroom) permite a atribuição de papéis, podendo haver mais do que um professor, o que permitiu a inclusão dos Professores de Apoio à Inclusão (IST) (figura 2), para que o trabalho adaptado fosse atribuído aos seus alunos, permitindo-lhes trabalhar de forma autónoma e que os alunos se sentissem confortáveis com tarefas de trabalho individuais e personalizadas.

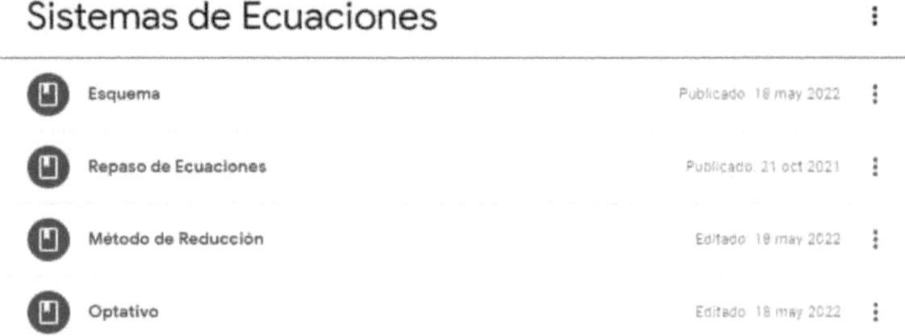

Figura 1: Desarrollo del tema Sistemas de Ecuaciones y su esquema conceptual.

Figura 2: Equipa pedagógica da sala de aula constituída pelo professor, pelo assistente pedagógico e pelo ADI.

O Classroom tem um design e um funcionamento muito acessíveis, tem separadores organizados em notícias (mural principal onde aparecem as notificações), trabalhos da turma (mostra a lista de tópicos e o que cada um contém), pessoas (membros da turma) e notas (desempenho dos alunos, um separador que não está na interface que aparece aos alunos) embora não tenha ferramentas de avaliação, pode ser utilizado o Formulário Google ou podem ser incorporados recursos como materiais que permitem a realização de exercícios interactivos. Neste recurso é possível criar desde tarefas a materiais como se mostra de seguida (figura 3).

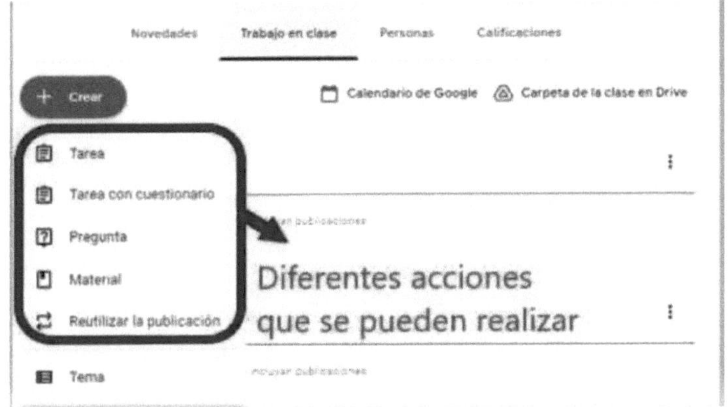

Figura 3: Lista de acções que podem ser propostas a partir da função docente.

Na secção de materiais, pode oferecer recursos em diferentes formatos (PDF, quadros conceptuais), actividades de revisão interactiva, trabalhos práticos a desenvolver. Da mesma forma, na secção dos trabalhos de casa, podem ser apresentadas diferentes actividades, mas com o objetivo de que tenham uma formalidade de entrega obrigatória.

Como a utilização das diferentes aplicações Google exige que os alunos tenham uma conta de correio eletrónico específica (neste caso, Gmail), o primeiro passo será a criação e gestão de contas de correio eletrónico e a adaptação dos diferentes dispositivos de trabalho (computadores, telemóveis, tablets, etc.). Além disso, será feita uma visita ao EVEA proposto pelo espaço curricular, conhecendo as diferentes formas de registo no mesmo (por convite ou com um código) e a variedade de recursos que possui, bem como a utilização de aplicações e/ou programas relevantes para o espaço curricular.

Além disso, cada atividade proposta está organizada por temas, o que permite uma boa organização da sala de aula (Figura 4).

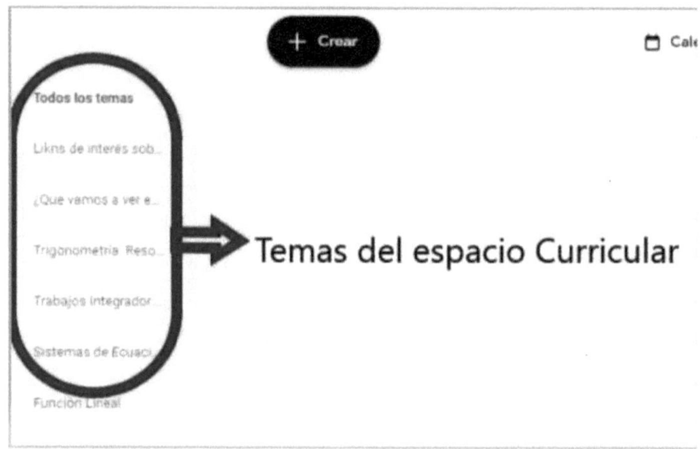

Figura 4: Organização da sala de aula por temas curriculares

Em termos de organização, os alunos adaptaram-se à plataforma, utilizaram a possibilidade de fazer comentários privados sobre as actividades propostas, bem como comentários sobre as comunicações de notícias e dúvidas nos locais onde os materiais foram publicados (figura 5).

Figura 5: Apresentação de actividades em linha e feedback sobre a atividade proposta

5.2 Classes síncronas

[6][7]No espaço virtual proposto a plataforma está organizada em temas, um deles refere-se ao link para a aula virtual presencial: "Link para Aulas Virtuais" (ação que foi realizada em 2020 e nos meses de maio a julho de 2021 quando foram implementadas duas medidas políticas: ASPO e DISPO), o recurso a ser utilizado neste caso é o ZOOM. Esta plataforma permite vídeos, videoconferências, onde podem ser em grupo ou individuais, permite a partilha de ecrã, permitindo que tanto professores como alunos mostrem e interajam na correção de exercícios e/ou situações propostas, pode ser gravada, permitindo um recurso mais rico com a interação dos intervenientes permitindo que os alunos que por motivos diversos não possam aderir de forma síncrona acedam ao material noutro momento. Possui ainda chat e a possibilidade de partilhar ficheiros no momento da reunião. Como recurso de segurança, existe uma sala de espera, onde o professor permite a entrada apenas dos alunos que correspondem à turma (figura 6).

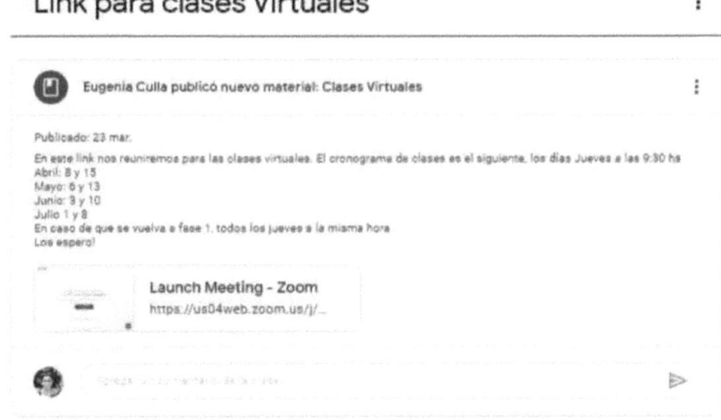

Figura 6: Ligação e horário das aulas virtuais

Neste sentido, o link gerado para as aulas online é recorrente, permitindo

---

[6] Isolamento social, preventivo e obrigatório.
[7] Distanciamento, prevenção social e obrigatoriedade.

assim que o mesmo link possa ser utilizado novamente caso os quarenta
minutos atribuídos nesse momento não sejam suficientes, são gravados e
depois carregados com o título "AULA DE (Data)" (figura 7), ficando
como um recurso onde os alunos que não estiveram presentes no encontro
podem obter o material, e os que participaram podem revê-lo caso
necessitem de auto-corrigir as actividades propostas.

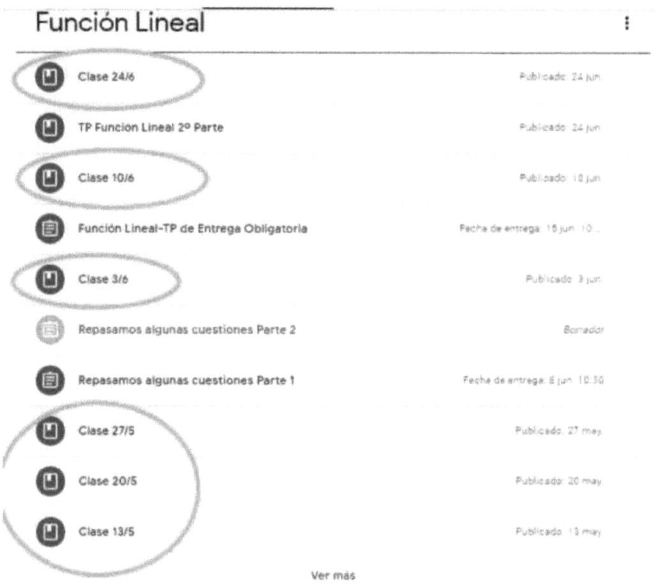

Figura 7: Ficheiros síncronos da sala de aula virtual.

Como a informação fica no EVEA, pode ser utilizada sempre que o aluno
necessite, promovendo o feedback e proporcionando um modelo de aula
invertida, se considerarmos que os alunos podem participar ativamente de
forma assíncrona, tomando notas e listando as dúvidas que surjam para
consulta na aula síncrona seguinte.

Relativamente às aulas síncronas, podemos dizer que, de um total de 23
alunos, entre 7 e 13 frequentavam as aulas uma vez por semana, de acordo
com o horário da escola (Anexo II).

5.3 Actividades propostas

Entre as actividades propostas está a resolução de diferentes tarefas práticas que lhes permitem adquirir conhecimentos matemáticos através da utilização da plataforma e de diferentes recursos, com o objetivo de poderem manipular as diferentes ferramentas para serem participantes activos, consultando, debatendo, observando e realizando as actividades propostas (figura 8).

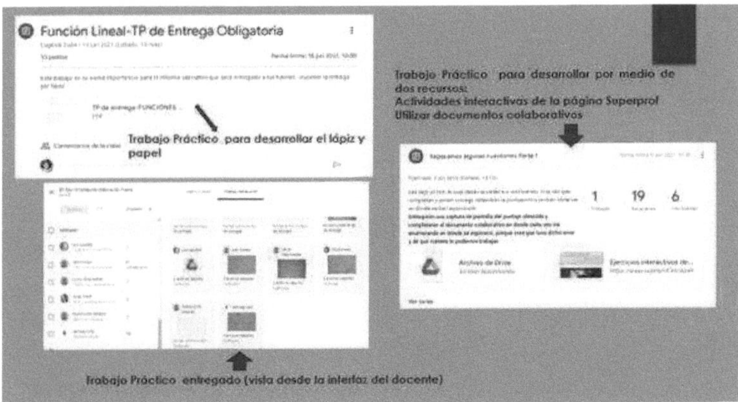

Figura 8: Actividades propostas que utilizam recursos TIC

Apresentar uma lista de diferentes recursos tecnológicos para cobrir os diferentes temas propostos nos PNAI (Figura 9), bem como um calendário de utilização e disponibilidade dos recursos de que a instituição educativa dispõe para implementar as TIC dentro e fora da sala de aula (salas de aula móveis, projetor, etc.) e, assim, conseguir uma organização institucional para a utilização e cuidado dos dispositivos tecnológicos.

Figura 9: Recursos TIC para a realização de diferentes actividades
relacionadas com a disciplina.

Os elementos da lista de conhecimentos serão completados à medida que as aulas forem decorrendo, quer sejam presenciais, virtuais ou combinadas, à medida que cada conhecimento proposto e ordenado se for encontrando no seu interior:

- Aulas semanais: vídeos onde professores e alunos interagem na explicação, desenvolvimento e correção de actividades propostas pelo Zoom. Este recurso permite aos alunos que se ligam através de dispositivos móveis interagir de forma escrita utilizando o ecrã tátil, ou mostrar com a sua câmara a situação em que têm dúvidas, permitindo ao professor tirar uma captura de ecrã e mostrá-la no Paint, recurso que permite editar a foto e fazer as correcções necessárias. Estas são carregadas no EVEA sob a etiqueta de material.

- Trabalho prático: actividades para aprender os conhecimentos propostos, com actividades práticas produzidas pelo professor.

- Actividades interactivas: através de páginas com conteúdos matemáticos, cuja entrega é obrigatória, bem como a elaboração de documentos colaborativos: relatórios que permitem a reavaliação dos erros como fonte de aprendizagem (Figura 10).

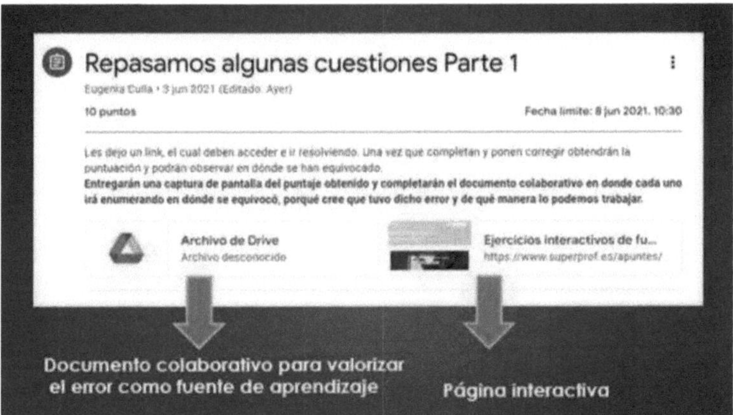

Figura 10: Actividades com páginas interactivas e documentos colaborativos.

- Recolha de recursos que os alunos utilizam como apoio para além dos propostos pelo professor, tais como vídeos do YOUTUBE (Código da sala de aula: **5scqbjjj** recursos solicitados por um grupo de alunas), uma vez que são facilmente acessíveis e proporcionam frequentemente um debate rico quando alguém encontra um método diferente proposto pelo professor para resolver as actividades dadas nas aulas.

- Fornecer um esquema concetual do espaço curricular para que os alunos possam organizar a informação fornecida (figura 11), e a possibilidade de os levar a fazer esses esquemas conceptuais por tópico ou período.

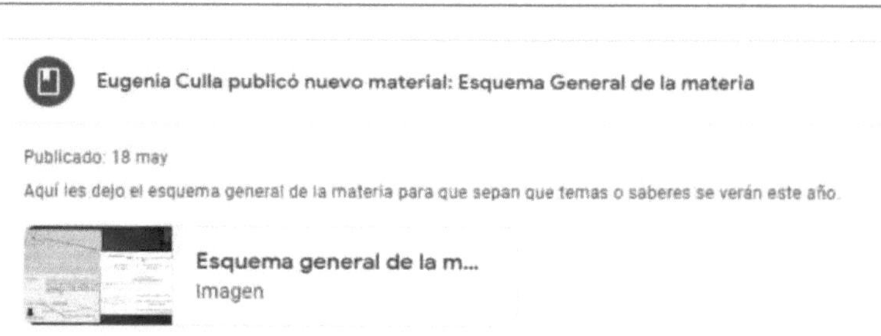

Figura 11: Esboço dos conhecimentos a desenvolver durante o ano letivo.

- Estabelecer tempos e espaços, físicos ou virtuais, para que os alunos possam dar conta da informação que possuem e dos conhecimentos que podem adquirir, fomentando a auto-confiança e combatendo o preconceito de que os erros são mal vistos, mas antes promovê-los como fonte de conhecimento e ponto de partida para uma aprendizagem construtiva e significativa (como mostra a Figura 9).

- Promover a pesquisa de páginas interactivas de interesse para os alunos, para que estes as possam incorporar na plataforma que lhes é oferecida, envolvendo-os na conceção das diferentes ferramentas propostas para as aulas e incentivando também o trabalho colaborativo na elaboração de relatórios.

- Disponibilizar recursos em linha, tais como trabalhos de casa virtuais, vídeos e/ou conferências para casos extraordinários, tais como trajectórias flexíveis (uma situação que ocorre quando os alunos não frequentam fisicamente a escola durante um longo período de tempo), fornecendo apoio pedagógico não só ao aluno, mas também ao professor em casa nomeado pelo ministério para o acompanhar.

Em relação ao parágrafo anterior, no EVEA são propostos vários recursos que são incorporados como trabalho de entrega e que permitem realizar actividades interactivas, dando por sua vez as correcções correspondentes.

Um deles é o "Superpfrof", que corresponde a um projeto que nasceu em França e se espalhou por quase todo o mundo, chegando também à Argentina. Embora seja um serviço de tutoria online pago, no domínio espanhol existe uma interface https://www.superprof.es/apuntes/escolar/matematicas/ que fornece resumos teóricos, explicações, actividades para resolver e actividades interactivas sobre as diferentes matérias leccionadas no nível intermédio, tem a opção de corrigir, onde fornece correcções instantâneas permitindo ao aluno dar conta dos erros cometidos (tabela 1).

Geometria Analítica	Cónicas-Distâncias-Rectas-Vectores
Aritmética	Todo-Natural-Proporcionalidade-Racional Sistema métrico real - decimal Sucessões Números complexos-Decimais-Divisibilidade
Trigonometria	Trigonometria
Álgebra	Polinómios-Equações-Equações-Logaritmos
Álgebra Linear	Sistemas de Equações-Programação Determinantes lineares - Matrizes

Quadro 1: Tópicos disponibilizados no sítio para diferentes áreas da matemática.

[8]- Também são propostas actividades com o "Quizizz", que são questionários que podem ser realizados de forma síncrona ou assíncrona, fornecendo feedback imediato sobre as respostas dos alunos, não requerem instalação e são gratuitos, podendo os professores criar as suas próprias actividades ou utilizar um repositório no qual também podem modificar as existentes de

[8] https://quizizz.com/

acordo com as necessidades do grupo (figura 12).

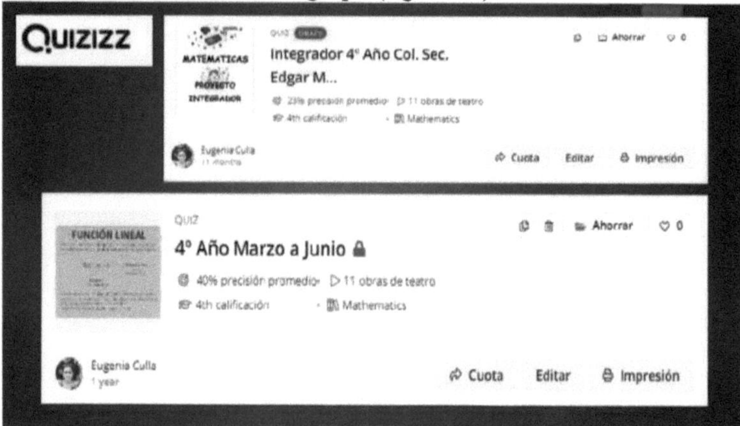

Figura 12: Actividades integradoras sobre operações com expressões
decimais e funções lineares propostas no Quizziz.

Relativamente ao exposto, foram propostas actividades de revisão (figuras
13-1415) não só para observar os conhecimentos obtidos e reforçar os
inacabados, mas também para conhecer a plataforma proposta e,
posteriormente, uma atividade de encerramento para a qual era necessário
resolver algumas actividades em papel para depois despejar o resultado no
recurso TIC, onde se podem observar os resultados obtidos (figuras 16),
permitindo rever quais os conhecimentos ou conceitos que cada um dos
alunos adquiriu ou não.

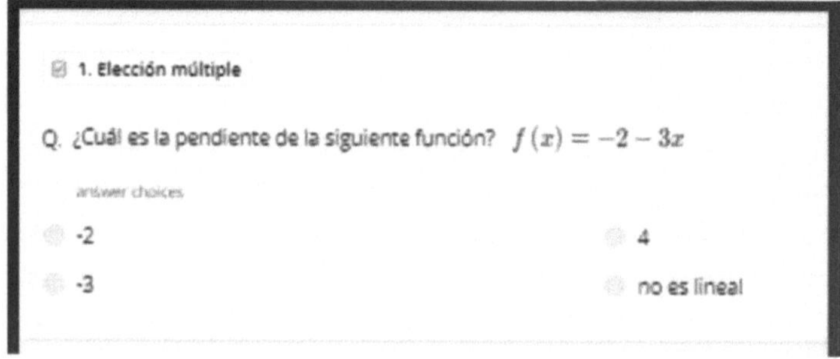

Figura 13: Atividade 1 para identificar os parâmetros da linha reta

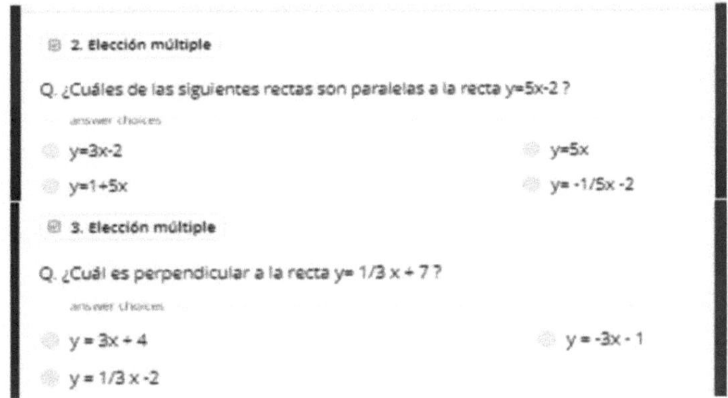

Figura 14: Actividades 2 e 3 sobre o conceito de paralelismo e perpendicularidade.

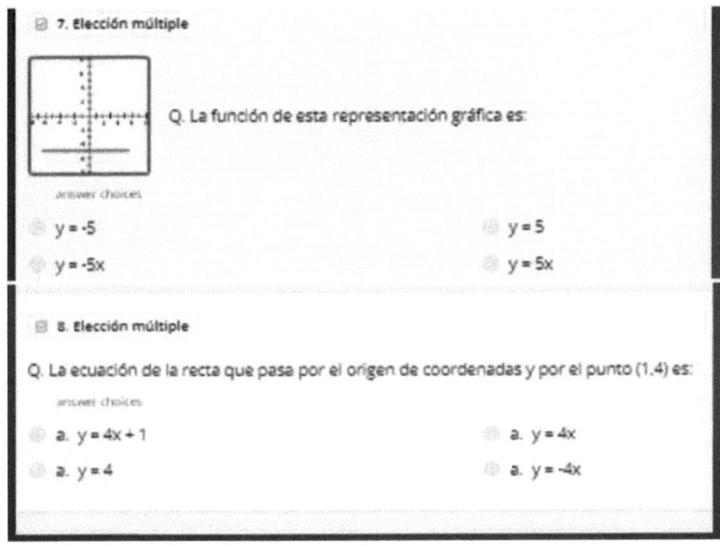

Figura 15: Actividades 7 e 8 sobre representação gráfica e linha que passa por dois pontos.

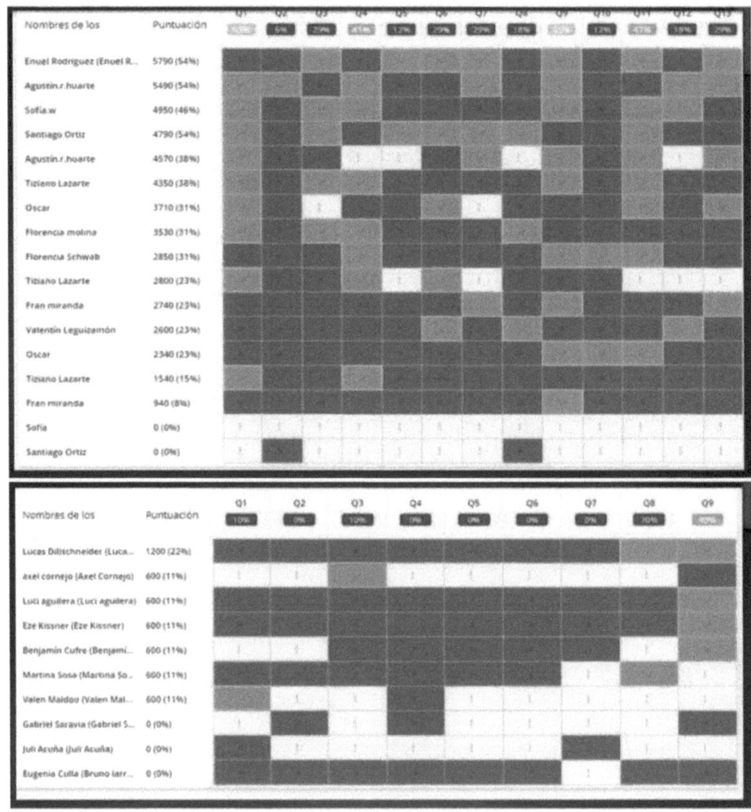

Figura 16: Detalhe das respostas corretas e incorrectas de cada aluno.

[9]Outras tarefas interactivas que podem ser propostas é através do recurso That Quiz , que é uma ferramenta 2.0 que oferece um serviço gratuito de questionários aleatórios que dá os resultados dos questionários imediatamente. Permite que a lista de alunos seja carregada através da criação de uma turma, para que as pontuações sejam importadas automaticamente. As actividades podem ser criadas ou utilizar as criadas por outros professores que utilizem o repositório (figura 17).

---

[9] https://www.thatquiz.Org/es/#

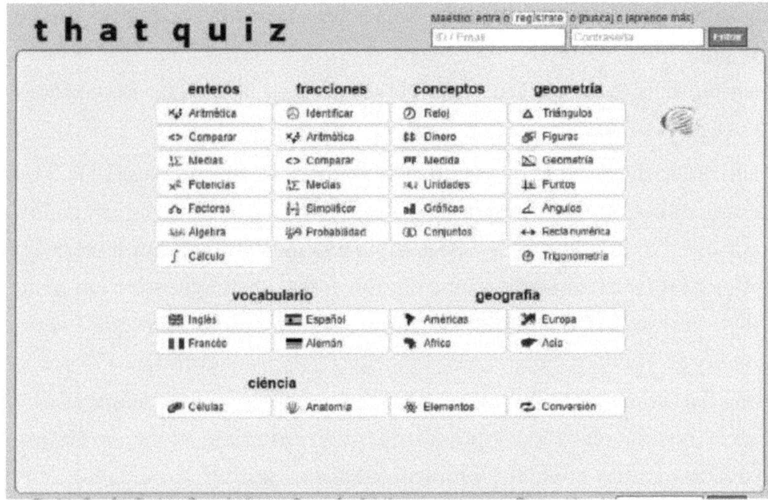

Figura 17: Interface ThatQuiz

Estes três instrumentos propostos permitem dar conta do processo de aquisição de conhecimentos dos alunos, bem como implementar a avaliação como um processo, intercalando aulas explicativas, correção e desenvolvimento das actividades propostas com jogos que envolvem exercícios ou questões que dão conta da aquisição de conhecimentos, conceitos e estratégias de resolução de situações problemáticas.

Em termos de organização, como somos virtuais, os encontros com os alunos são uma vez por semana, na plataforma, no dia em que não têm aula virtual e respeitando o horário da disciplina, serão relembrados no mural de notícias das actividades que estamos a realizar e do encontro virtual para a aula seguinte. Desta forma, existe uma espécie de organização e rotina em relação ao que é uma escolaridade totalmente presencial e a interação através de consultas assíncronas sem perder a ligação pedagógica.

5.2 Sobre alguns dos resultados obtidos:

O objetivo geral de conceber e implementar uma sala de aula virtual na área da Matemática foi alcançado, embora os alunos se adaptem à implementação das novas tecnologias na sala de aula fazendo uso das plataformas propostas, existem aspectos que necessitam de ser aprofundados, como a utilização consciente dos recursos tecnológicos como ferramenta de estudo, a utilização da plataforma fora do horário letivo se necessário como meio de resolução de dúvidas.

No ano letivo de 2021, não foi utilizado material audiovisual do YOUTUBE, uma vez que as aulas virtuais síncronas foram gravadas e carregadas no Classroom. No ano letivo de 2022, alguns alunos solicitaram material para aprofundar os seus conhecimentos durante a fase de diagnóstico em março e foi-lhes fornecido material audiovisual e actividades de revisão: https://www.youtube.com/watch?v=PnATAsxu oo (figura 18). Foi proposto o trabalho com páginas interativas que contemplam os conteúdos que constam nos Núcleos de Aprendizagem Prioritários, onde os alunos se envolveram com a atividade proposta de forma online. No entanto, obtêm-se melhores resultados em termos de participação se a mesma tarefa for realizada com recursos tecnológicos, mas de forma presencial, ou seja, na sala de aula.

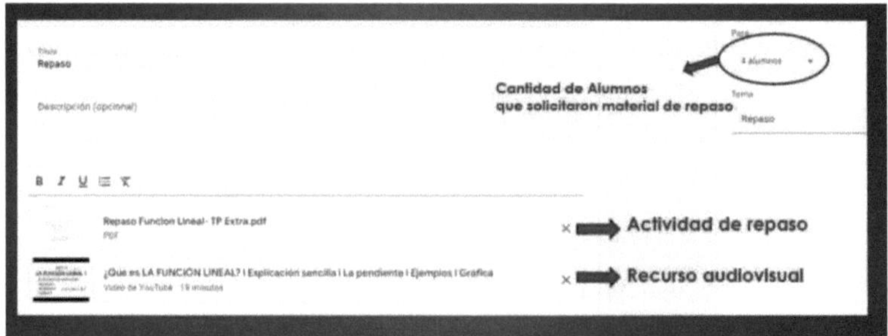

Figura 18: Actividades solicitadas pelos alunos.

As actividades acima mencionadas foram modificadas de acordo com as propostas na sala de aula, alterando algumas das tarefas já estabelecidas no repositório da plataforma utilizada e outras foram criadas de acordo com as necessidades dos alunos.

No que diz respeito às aulas virtuais, após um árduo trabalho de sensibilização para a importância da sua participação, um número considerável de alunos pôde participar nelas, colocar questões e, por vezes, ligar as suas câmaras para mostrar as suas preocupações expressas em papel com base nas actividades propostas.

No ano de 2021, a bimodalidade (aulas alternadas entre presenciais e virtuais) foi implementada por um tempo, o que levou naquele momento a mudar certas estratégias e aproveitar o espaço presencial para o uso das TIC, pois é importante que o fato de estar presente na sala de aula não impeça a implementação de espaços virtuais a serem promovidos para que os alunos adquiram hábitos de participação através dos diferentes recursos tecnológicos. Adquirindo assim outra forma de aprender fora do tradicional, não só na sala de aula com um debate e consultas, mas também expondo as actividades que são propostas, perdendo o medo de errar e compreendendo que na aprendizagem, a comunicação em todos os meios é importante para a aquisição de conhecimentos.

Com base nas propostas feitas, verifica-se a participação dos alunos em propostas colaborativas (figura 19); nas actividades interactivas propostas a partir do recurso Quizziz, que consideraram mais atractivas do que as dadas através do ThatQuiz e do Superfrof.

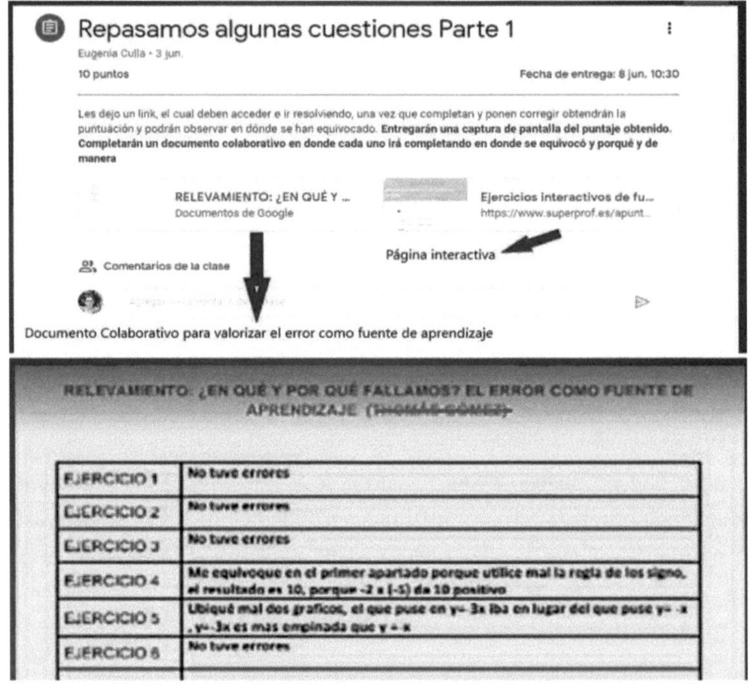

Figura 19: Atividade proposta e captura de ecrã das respostas do documento colaborativo.

No caso da Sala de Aula, permite uma observação das entregas, através do quadro de classificação (figura 20); por outro lado, através do recurso digital Quizizz, é possível observar em pormenor o que precisa de ser reforçado em cada aluno em particular, obtendo um acompanhamento mais específico no que respeita à aquisição de conhecimentos (figura 21).

Ordenar por apellido ▼	23 ago 2021 Trabajo Integrad... de 10	16 ago 2021 Trabajo Integrad... de 10	15 jun 2021 Función Lineal-T... de 10	8 jun 2021 Repasamo s alguna... de 10	15 abr 2021 Repaso de 10
Promedio de la clase			6.83	8	6.67
lautoro 200	Sin asignar	Sin asignar	Sin entregar	Sin entregar	Sin entregar
thomas games 2005	Sin asignar	Sin asignar	Sin entregar	Sin entregar	Sin entregar
Juli Acuña	Sin asignar	Sin entregar	Sin entregar	Sin entregar	5
Luci aguilera	Sin asignar	Sin entregar	7	6	5
Danilo Balduini	Sin asignar	Sin asignar	Sin entregar	Sin entregar	Sin entregar
axel cornejo	Sin asignar	Sin entregar	9 Entrega tardía	Sin entregar	5 Entrega tardía
Alicia Isabel Demasi	Sin asignar	Sin asignar	Sin entregar	Sin entregar	Sin entregar
Lucas Dillschneider	Sin asignar	Sin entregar	7	10	Sin entregar
Florencia Echev	Sin asignar	Sin asignar	Sin entregar	Sin entregar	Sin entregar
Maria Ines Fassi	Sin asignar	Sin asignar	Sin entregar	Sin entregar	Sin entregar

Figura 20: Trajetória de entrega dos alunos.

Figura 21: Respostas individuais dos alunos.

De acordo com Rodríguez, D. (2020), as TIC na vida quotidiana são de extrema importância, uma vez que quebram as barreiras físicas de comunicação, permitindo que pessoas de diferentes partes do mundo com interesses semelhantes se liguem, criando espaços de intercâmbio cultural, educativo e político, etc.; fornecem informações actualizadas em tempo real e permitem a realização de diferentes tipos de actividades na vida de qualquer cidadão (procedimentos e formalidades administrativas) nas áreas do trabalho, saúde, educação e negócios.

Embora o referido trabalho seja um trabalho que leva tempo, para que ganhe forma e seja bem sucedido, deve ser considerado como uma proposta institucional, ou seja, um trabalho colaborativo da equipa docente.

Isto significa que o objetivo de todas as disciplinas é que os alunos adquiram as competências tecnológicas que lhes permitam não só adquirir os conhecimentos propostos pela escola através de cada disciplina, mas também aprender a utilizar a tecnologia na sala de aula.

O objetivo não é apenas proporcionar-lhes um espaço curricular, mas também permitir-lhes aplicar os seus conhecimentos e competências na vida quotidiana, quer seja para entrar no mundo do trabalho, onde as principais agências de recursos humanos realizam hoje entrevistas virtualmente e se candidatam através de plataformas em linha, quer seja para continuar a estudar.

6. REFERÊNCIAS

Adell, J (13 de maio de 2018). As TIC quebram os muros da escola. Site do professor. CMF. https://webdelmaestrocmf.com/portal/jordi-adell-las-tic- rompen-las-paredes-la-cuela/.

Alcántara Trapero, D. (2009). Importância das TIC na Educação. Inovação e experiências educativas. Número 15. Sevilha.

Area, M. e Adell, J. (2009): -eLearning: Ensinar e aprender em espaços virtuais. Em J. De Pablos (Coord): Tecnologia Educativa. A formação do professorado na era da Internet. Aljibe, Málaga, pp. 391-424.

Área Moreira, M. (2009). Introdução à Tecnologia Educativa. Universidade de La Laguna, Espanha (pp 15-23).

Arriaga, Elias J. (2003). Las TIC y las matemáticas, avanzando hacia el futuro [Tese de Mestrado, Universidade de Cantabria]. https://repositorio.unican.es/xmlui/handle/10902/3012

Arrieta, J. (2013). As TIC e a matemática rumo ao futuro. Universidade de Cantabria. Faculdade de Educação. Espanha.

Bartolome, V.; Caram, C.; Los Santos, G.; Negreira, E.; Pusineri, M.(2015) Escritos na Faculdade: Reflexão Pedagógica. Edição III. Ensaios de alunos da Faculdade de Design e Comunicação. Vol. 109. 11º ano.

Burin, D., Coccimiglio, Y., González, F., & Bulla, J. (2016). Desenvolvimentos recentes sobre competências digitais e compreensão da leitura em ambientes digitais, 6(1), 191- 206. Obtido em http://revista.psico.edu.uy/index.php/revpsicologia

Camero Almenara, J (2014). Reflexões sobre o fosso digital e a educação. Universidade de Sevilha (Espanha -UE)

Castells, M. (2009) Comunicación y poder -Alianza Editorial-Madrid ISBN, 97884-206-8499-4

Cachay Osorio, M. (2019). "Importância da implementação das TIC nas instituições de ensino no ensino da matemática". Lima Peru.

Cobo, Cristóbal (2016). La Innovación Pendiente, Reflexiones (y Provocaciones) sobre educación, tecnología, y conocimiento.

Coleção Fundação Ceibal/Debate: Montevideo.

Crespo, M., & Palaguachi, M. (2020). Educação com Tecnologia em uma Pandemia: Uma Breve Análise. Revista Científica, 5(17), 292-310, e-ISSN: 2542-29

Díaz, Rubén (2009). "E se a educação acontecer a qualquer hora, em qualquer lugar?", Educación Expandida (pp.51-66). http ://www.zemos9 8.org/eduex/spip.php?article 171

Fernández Aprile, L. (2020). Ensino Superior e Tecnologia: Evolução histórica na Argentina e o contexto social em tempos de Pandemia. HOLOGRAMATICA. Ano XVII Número 32, V1. pp. 163-180.

[a]Fernández Tilve, M Dolores, Álvarez Núñez, Quintín, Mariño Fernández, Raquel Elearning: Outra forma de ensinar e aprender numa universidade tradicionalmente presencial. Um estudo de caso particular. Faculdade. Revista de Currículo e Formação de Professores [online]. 2013, 17(3), 273-291 [Acedido em 6 de julho de 2021]. ISSN: 1138-414X. Disponível em: https://www.redalyc.org/articulo.oa?id=56729527016

Flores Romero, M., Aguilar Barreto, A., Hernandez Peña, Y., Salazar Torres, J., Pinillos Villamizar, J., Pérez Fuentes, C. (2017). Sociedade do Conhecimento, Tics e sua influência na Educação. Revista Espacios (Vol.38. Número 35 p. 39).

Forero de Moreno, Isabel A SOCIEDADE DO CONHECIMENTO. Revista Científica General José María Córdova [em linha]. 2009, 5(7), 40-44 [Acedido em 26 de abril de 2021]. ISSN: 1900-6586. Disponível em: https://www.redalyc.org/articulo.oa?id=476248849007

Gomez, J. (2020). Google Classroom: Uma ferramenta de gestão pedagógica. Mamakuna Revista de divulgación de experiencias pedagógicas. pp45-54. Universidade Internacional de La Rioja.

Granados-Romero J, López-Fernández R, Avello-Martínez R, Luna-Álvarez D, Luna-Álvarez E, Luna-Álvarez W. (2014). Tecnologias de informação e comunicação, tecnologias de

aprendizagem e conhecimento e tecnologias de empoderamento e participação como ferramentas de apoio aos professores na universidade do século XXI.
Medisur, 12(1): [aprox. 5 p.].
http://www.medisur.sld.cu/index.php/medisur/article/view/2751

Gros, B. et al. (2012). Sociedade do conhecimento. Perspetiva pedagógica. Capítulo 1 do livro de Lorenzo Aretio "Sociedade do Conhecimento e Educação".

Gutiérrez, L. (2012). O conectivismo como teoria da aprendizagem: conceitos, ideias e possíveis limitações, Revista Educación y Tecnologías, 1, pp. 111-122.
https://dialnet.unirioja.es/descarga/articulo/4169414.pdf

Herrera, M.; Didriksson, A. (1999). A Construção Curricular: Inovação, Flexibilidade e Competências. Ensino Superior e Sociedade. Vol. 10(2), pp. 29-52.

Ilabaca, J; Integração Curricular de TICS Conceito e Modelos. Revista Enfoques Educacionales 5 (1): 01 - 15, 2003.
https://enfoqueseducacionales.uchile.cl/index.php/REE/article/download/4751 2/49550/ 168470

Iturrioz,G; Gonzalez, I. (2015). Evaluar en la virtualidad. pp.133-144.
https://p3.usal.edu.ar/index.php/signos/article/view/3212/3958

Jorge-Pozo, D., Gimenez-Gestal, C., Murillo, J. (2017). Influência de um ambiente virtual de aprendizagem na Afetividade face à matemática em alunos do ensino secundário: um estudo de caso. Investigação em Educação Matemática XXI. Local: SEIEM.

Lafuente Martínez, M. (2003). Avaliação das aprendizagens através de ferramentas TIC. Transparências de práticas de avaliação e ajudas pedagógicas. [Tese de doutoramento, [Tese de doutoramento, Faculdade de Psicologia, Universidade de Barcelona]. Dipòsit Digital de la Universitat de Barcelona.

Litwin, E. (1997): Inovações no ensino e na sala de aula para o novo século, Bs. As. El Ateneo.

Medina, H., Lagunes Dominguez, A. (2020). Qual é o contributo das Tecnologias de Informação e Comunicação para a educação científica? Revista Digital Universitaria (Vol. 21, No. 3). doi: http://doi.org/10.22201/codeic.16076079e.2020.v21n3.a9

Montoya A, Parra CMR, Lescay AM, et al. (2019). Teorias pedagógicas que sustentam a aprendizagem com o uso das Tecnologias de Informação e Comunicação. RIC;98(2):241-255.

Morera, M. (2009). Manual Eletrónico: Introdução à Tecnologia Educativa. Universidade de La Laguna. Espanha.

Orjuela Forero, D. (2010). Integração das TIC no currículo do ensino secundário. Revista de Investigação da UNAD. Volume 09. Número 3. pp.137-156.

Partida Ibarra, J., Martínez García, M., Mena Hernández, E., Mercado Lozano, P., Pérez Zúñiga, (2018). Sociedade do conhecimento e sociedade da informação como pedra angular na inovação tecnológica educacional. Revista Iberoamericana de Investigação e Desenvolvimento Educativo. Vol. 8, No. 16.

Pérez Alarcón, S. (2010). A Importância das TIC na Escola. Questões para a Educação. Número 7. (pp.1-7).

Plaza Gálvez, L., González Granada, Vasyunkina, O. (2020). Propostas para o ensino da matemática. Em Rebeca Flores (Ed.). ALME 33. (1 ed., Vol. 33, pp. 295-304). Comité Latino-Americano de Matemática Educativa.

Recio Urdaneta, R., Recio Urdaneta, J., Saucedo Fernandez, M., Jimenez Izquierdo, S. (20-30 de abril de 2017). Conectivismo, vantagens e desvantagens. VII Congreso Virtual Iberoamericano de Calidad en Educacion Virtual y a Distancia.

Revelo-Rosero, J. e Carrillo Puga, S. E. (2018). Impacto do uso das TIC como ferramentas para a aprendizagem de matemática dos alunos do ensino secundário. Revista Cátedra, 1(1), 70-91.

Riveros V, Víctor S. e Mendoza, María Inés (2005). Bases teóricas para o uso das TIC na Educação. Encontro Educativo. ISSN 1315-4079 ~

Depósito legal pp 199402ZU41 Vol. 12(3), pp.315 - 336.

Rodríguez, Daniela (13 de maio de 2020). As TIC na vida quotidiana: usos, vantagens, desvantagens. Lifeder. Recuperado de https://www.lifeder.com/tic- vida-cotidiana/ .

Rubio Michavila, C., Pérez Martell, E. (1999). Novos modelos educativos baseados nas tecnologias. Revista Eletrónica Universitária de formação do Professorado. 2(1).

Ruiz, G. (2020). Marcas da pandemia: o direito à educação afetado. Revista Internacional de Educação para a Justiça Social, 2020, 9(3e), 4559. https://doi.org/10.15366/riejs2020.9.3.003

Salinas, J. (2013). Ensino flexível e aprendizagem aberta, fundamentos fundamentais das PLEs. Em L. Castañeda e J. Adell (Eds.), Entornos Personales de Aprendizaje: Claves para el ecosistema educativo en red (pp. 53-70). Alcoy: Marfil.

Sanchez, Jaime H. (2002) Integração Curricular das TICs: Conceitos e Idéias. Departamento de Informática, Universidade do Chile.

Sobrino Morrás, Ángel Aportaciones del Conectivismo como modelo pedagógico post
construtivista. Propuesta Educativa [online]. 2014, (42), 39-48 [data de consulta 6 de
julho de 2021]. ISSN:. Disponível em:
https://www.redalyc.org/articulo.oa?id=403041713005

Terrazas Pastor, Rafael; Silva Murillo, Roxana (2013). A educação e a sociedade do conhecimento (Vol. 32, pp. 145-168). PERSPECTIVAS.

Torres Cañizález, Pablo César, Cobo Beltrán, John Kendry A tecnologia educativa e o seu papel no cumprimento dos objectivos da educação. Educere [online]. 2017, 21(68), 31-40 [data de
Acedido em 21 de maio de 2021]. ISSN: 1316-4910. Disponível em: https://www.redalyc.org/articulo.oa?id=35652744004

Zapata-Ros, M. (2015). Teorias e modelos sobre a aprendizagem em ambientes conectados e ubíquos.

Bases para um novo modelo teórico baseado numa visão crítica do "conectivismo", Educação na Sociedade do Conhecimento (EKS). http://eprints.rclis.org/17463/

7. ANEXO I

Inquérito aos professores:

Assunto:

Ano letivo:

1. Implementa as TIC na sala de aula e de que forma?

2. Dispõe dos recursos necessários para implementar as TIC na sala de aula? Em caso negativo, indique quais.

3. Como é que os alunos reagem à utilização das TIC?

4. É ensinado algum software específico que possa ser aplicado a diferentes áreas?
Quais?

Inquérito aos estudantes:

Ano de estudo:

1. O que é que sabe mais sobre a utilização da tecnologia?

Redes sociais. Aplicações para escolas.

2. Utiliza tecnologia na sala de aula? Sim Não

3. O que é que mais utiliza para trabalhar nas aulas? O computador
Móvel Ambos

4. Quando se é abordado para trabalhar com as TIC:

Estou entusiasmado Não quero saber Não estou interessado no que ele me
está a propor
5. Utiliza programas informáticos para a matemática? Em caso afirmativo,

quem te ensina a utilizá-los e que programas utilizas?

ANÁLISE:

Nas disciplinas inquiridas no Ciclo Orientado (ambos os 4.ºs anos), todos utilizam as redes sociais e apenas um utiliza aplicações relacionadas com o ambiente escolar; ao contrário do ciclo básico, o entusiasmo pelas aulas propostas aumentou, embora ainda exista um elevado número de alunos que "não querem saber" das propostas. Verifica-se que todos os alunos utilizam telemóveis e não computadores.

Neste caso, a professora de Matemática é a mesma e, apesar de utilizar os mesmos recursos em ambas as turmas, os alunos não têm a mesma perceção. Os alunos do 4.º ano de Educação Física não sentem que utilizam programas de matemática quando a professora refere que, na elaboração de gráficos e conclusões, utilizam o software Geogebra na versão Android para telemóveis, bem como a utilização de diferentes programas de calculadora consoante as funcionalidades que os alunos têm nos seus dispositivos. De igual modo, a professora de TIC da mesma turma refere que implementa a utilização da tecnologia como recurso didático, afirmando que dispõe das ferramentas necessárias para o fazer, uma vez que a escola tem uma boa plataforma de internet em funcionamento e todos os alunos têm dispositivos móveis. Os softwares que a professora de TIC utiliza nesta área são: Pacote Office, Canva (criar em equipas), Kahoot (plataforma para criar quizzes e concursos na sala de aula para aprender ou reforçar a aprendizagem) e Clasroom (plataforma educativa gratuita da google). Mas, ao mesmo tempo, argumenta que os alunos estão relutantes em implementá-las porque não identificam totalmente a utilização das TIC como ferramenta e recurso de ensino.

O mesmo não acontece com o 4.º ano de Música, como professora de TIC, embora incorpore computadores para que os alunos possam "interagir com eles e com os seus diferentes programas: Word, Excel e Internet". Argumenta que não consegue utilizar a "Sala de Computadores Móvel" porque há o risco de os outros alunos apagarem o trabalho que fizeram.

Embora se aperceba do entusiasmo dos seus alunos quando propõe trabalhar com as TIC. (Ver gráfico).

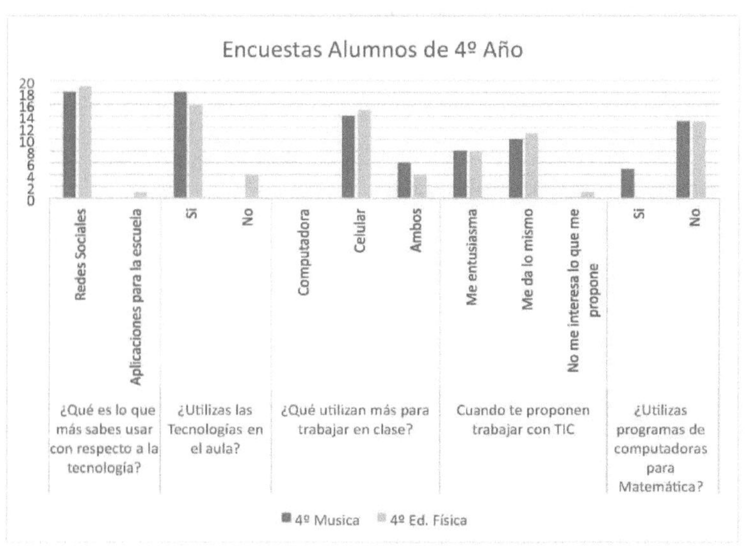

Em todos os casos, o diagnóstico realizado mostra como os alunos percebem o que os professores pensam que é novo e inovador para eles e, na maioria dos casos, o que é proposto não é muito atrativo para os cursos inquiridos. Também reflecte a necessidade de os professores expressarem o que lhes acontece não só com as próprias TIC, mas também com a sua implementação na sala de aula. A forma ideal de perguntar aos professores é através de uma entrevista em vez de um inquérito, uma vez que vão além das questões propostas neste último e, em muitos casos, expressam o seu interesse em trabalhar em conjunto para implementar novas estratégias.

8. ANEXO II

Participação nas aulas virtuais de maio e junho de 2021.

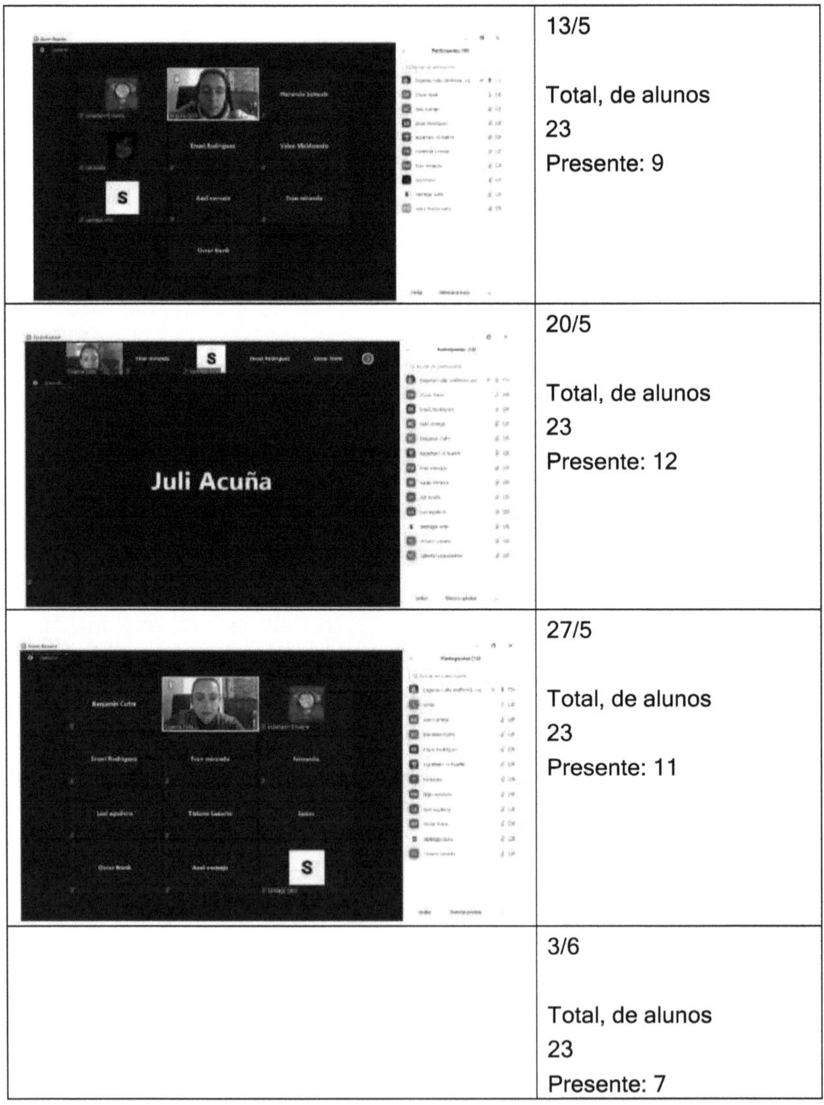

	13/5 Total, de alunos 23 Presente: 9
	20/5 Total, de alunos 23 Presente: 12
	27/5 Total, de alunos 23 Presente: 11
	3/6 Total, de alunos 23 Presente: 7

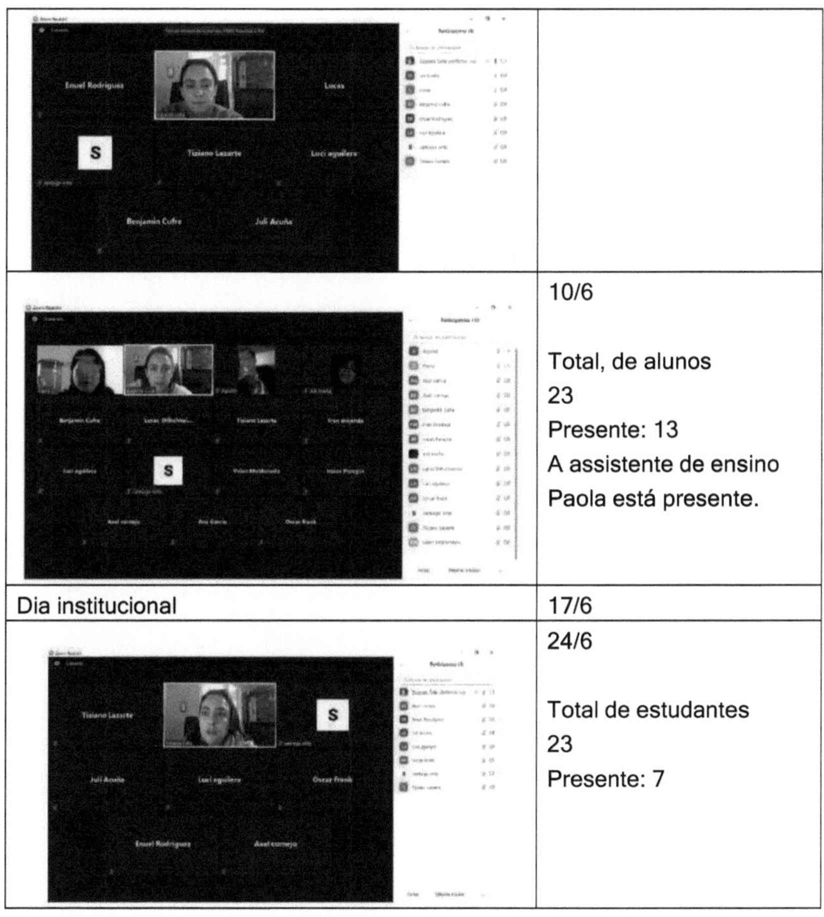	
	10/6 Total, de alunos 23 Presente: 13 A assistente de ensino Paola está presente.
Dia institucional	17/6
	24/6 Total de estudantes 23 Presente: 7

Printed by Books on Demand GmbH, Norderstedt / Germany